FRANZIS PRAXISBUCH

FRANZIS PRAXISBUCH

Henning Kriebel

Satelliten-Radio/ TV-Empfang

Einführung, Empfangspraxis, Tabellen

Mit 115 Abbildungen
3., neubearbeitete Auflage

CIP-Kurztitelaufnahme der Deutschen Bibliothek

Kriebel, Henning:
Satelliten-Radio/TV-Empfang: Einführung, Empfangspraxis, Tabellen / Henning Kriebel. –
3., neubearbeitete Auflage. – München: Franzis, 1990.
(Franzis-Praxisbuch)
ISBN 3-7723-8593-1

Satz: Franzis-Druck GmbH, 8000 München 2
Druck: Offsetdruckerei Hablitzel, 8060 Dachau
Printed in Germany · Imprimé en Allemagne

ISB N 3-7723-8593-1

Vorwort

Seit dem Jahre 1985 gestattet die Deutsche Bundespost den Fernseh-Direktempfang von Fernmeldesatelliten. Damit ist es zumindest in der Bundesrepublik Deutschland möglich geworden, sich Fernsehsignale direkt aus dem Weltraum zu holen. Ursprünglich sollte dies nur mit den sogenannten direktstrahlenden Satelliten möglich sein. Durch die Verkabelung und wohl auch das amerikanische Vorbild geriet die Post wohl so nach und nach in Zugzwang und stimmte dem Privatnutzen von Fernmeldesatelliten letztlich zu.

Fernmeldesatelliten mit ihren kleinen und die DBS-Satelliten mit ihren hohen Sendeleistungen bekommen schon bald Konkurrenz durch die sogenannten Medium-Power-Satelliten, also Satelliten, deren Sendeleistung zwischen den beiden genannten liegen wird. Dieser Satellitentyp eignet sich hervorragend zum Direktempfang, weil die Größe des erforderlichen Parabolspiegels auf ein erträgliches Maß sinkt.

Die Öffentlichkeit, ja selbst Medienfachleute sind von dieser Entwicklung überrascht und verwirrt. Darüber hinaus hat sich auch manche Einschätzung von Experten nicht bewahrheitet und wurde von der Praxis korrigiert.

Mit diesem Buch möchte ich endlich Klarheit in den Wirrwarr von Informationen bringen. Ich schreibe aber dieses Buch nicht nur für den Techniker, sondern auch für alle diejenigen, die sich beruflich oder privat für Satelliten-TV interessieren. Und schließlich soll auch der Praktiker nicht zu kurz kommen: Wenn man sich eine Satellitenempfangsanlage selbst zusammenstellt und aufbaut, kann man mindestens einen Tausender sparen. Die TV-Satellitentechnik ist eine Technik der Zukunft. Diese Zukunft hat gerade begonnen.

Schondorf — Henning Kriebel

Vorwort zur 2. Auflage

Nicht einmal ein Jahr hat die 1. Auflage Bestand gehabt. Einmal war das Interesse zu diesem Thema unerwartet groß, zum anderen hat sich in diesem Jahr soviel bei den TV-Satelliten getan, daß eine Überarbeitung zwingend war.

Bei dieser Gelegenheit habe ich das Buch erheblich erweitert. Insbesondere wurde das Thema D2-MAC ausführlich aufgenommen, und ein ganz neues Kapitel befaßt sich mit den internationalen Satellitenorganisationen. Die übrigen Kapitel wurden ebenfalls in größerem Umfang überarbeitet und ergänzt.

Für die vielfältige Unterstützung bei meiner Arbeit danke ich der Industrie, der Deutschen Bundespost und einer Reihe in- und ausländischer Organisationen.

Schondorf Henning Kriebel

Vorwort zur 3. Auflage

Immer neue Satelliten, immer mehr Programme – der Satellitenempfang von Rundfunksendungen wird immer attraktiver. Dabei geht es nicht mehr nur um Fernsehen, auch der Hörfunk spielt hier eine immer größere Rolle. Nicht zuletzt deswegen wurde der Titel des früheren „Satelliten-TV-Handbuchs" entsprechend erweitert.
In der neuen Auflage wurde Bewährtes und Allgemeingültiges beibehalten – jedoch nur soweit es nicht der rasanten technischen Entwicklung anzupassen war. Die Satellitentabellen und Footprints entsprechen selbstverständlich dem neuesten Stand Satellitensituation einerseits und der Empfängertechnik andererseits.
Auch bei der Gestaltung dieser 3. Auflage darf ich mich wieder für die umfassende Unterstützung durch Industrie und Handel sowie verschiedene in- und ausländische Organisationen und Behörden bedanken.

Schondorf Henning Kriebel

Inhalt

Wichtiger Hinweis

Die in diesem Buch wiedergegebenen Schaltungen und Verfahren werden ohne Rücksicht auf die Patentlage mitgeteilt. Sie sind ausschließlich für Amateur- und Lehrzwecke bestimmt und dürfen nicht gewerblich genutzt werden*).
Alle Schaltungen und technischen Angaben in diesem Buch wurden vom Autor mit größter Sorgfalt erarbeitet bzw. zusammengestellt und unter Einschaltung wirksamer Kontrollmaßnahmen reproduziert. Trotzdem sind Fehler nicht ganz auszuschließen. Der Verlag und der Autor sehen sich deshalb gezwungen, darauf hinzuweisen, daß sie weder eine Garantie noch die juristische Verantwortung oder irgendeine Haftung für Folgen, die auf fehlerhafte Angaben zurückgehen, übernehmen können. Für die Mitteilung eventueller Fehler sind Autor und Verlag jederzeit dankbar.

*) Bei gewerblicher Nutzung ist vorher die Genehmigung des möglichen Lizenzinhabers einzuholen.

1 Einleitung

1.1 Was sind Satelliten?

Satelliten begleiten die Erde seit Menschengedenken und noch viel länger. Denn Satelliten sind nichts anderes als Begleiter, Erdbegleiter in diesem speziellen Fall. Der größte ist der Mond; er ist so groß, daß seine Gravitation sich schon wieder hier auf der Erde auswirkt.

Der Mond beschreibt um die Erde eine nahezu kreisrunde Umlaufbahn. Durch das Wechselspiel der Kräfte, nämlich der Anziehungskraft der Erde (und natürlich auch des Mondes) einerseits und der Zentrifugalkraft andererseits, ist der Mond als ständiger Begleiter an die Erde gebunden. Die physikalischen Zusammenhänge, auch was die Beziehung der Erde und der anderen Planeten zur Sonne anbelangt (die sind nämlich alle die Satelliten der Sonne), wurden von Johannes Kepler schon Anfang des 17. Jahrhunderts in seinen gleichnamigen Gesetzen festgelegt. Diese Keplerschen Gesetze gelten für die Satellitenbewegungen um die Erde gleichermaßen.

Mit dem Weltraumzeitalter der Menschen begann zugleich das Zeitalter der künstlichen Satelliten, und das ist es heute noch. Satelliten haben eine Vielzahl von Aufgaben übernommen, sei es in der Forschung oder in der praktischen Anwendung, so z. B. in der Astronomie, aber auch in der Wetterbeobachtung und in den letzten Jahren immer stärker in der Nachrichtenübermittlung.

Satelliten können je nach der ihnen gestellten Aufgabe verschiedene Umlaufbahnen einnehmen, auch die Umlaufhöhen sind unterschiedlich, bei elliptischen Bah-

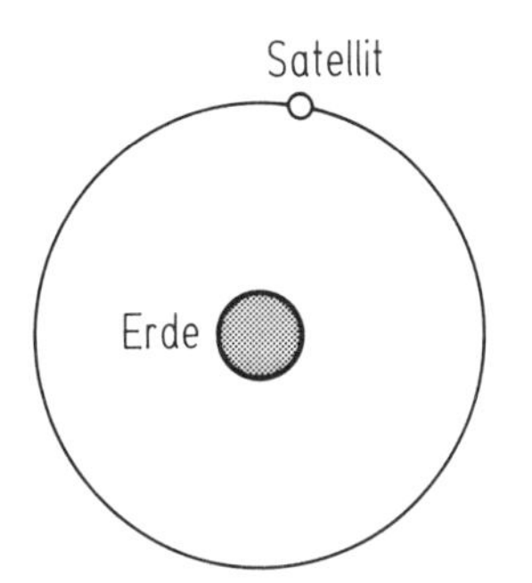

Abb. 1.1.1 Kreisförmige Umlaufbahn eines Satelliten

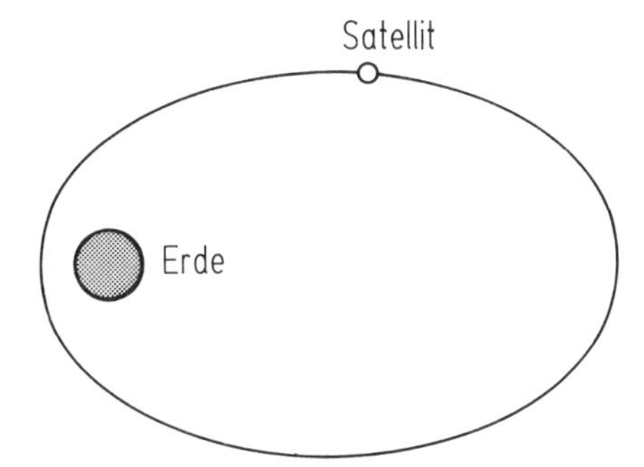

Abb. 1.1.2 Ellipsenförmige Umlaufbahn eines Satelliten

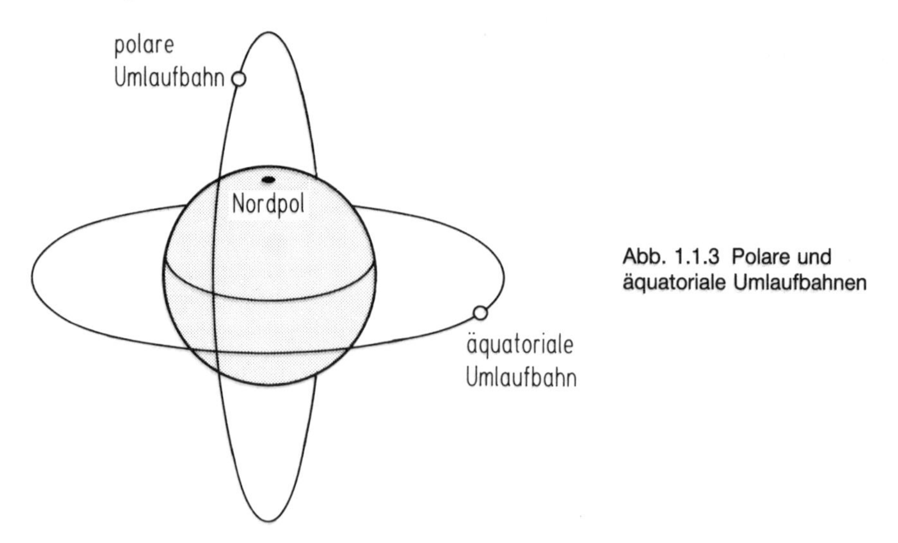

Abb. 1.1.3 Polare und äquatoriale Umlaufbahnen

nen schwanken zudem Höhe und Umlaufgeschwindigkeit periodisch *(Abb. 1.1.1 und Abb. 1.1.2)*. Es gibt Satellitenbahnen, die über die Pole gehen, und solche, die über dem Äquator verlaufen *(Abb. 1.1.3)*.

Die Satellitenbahn wird mit dem Begriff Inklination erklärt *(Abb.1.1.4)*. Man versteht darunter den Winkel, den die Satellitenbahnebene zur Äquatorebene beschreibt. Ist dieser Winkel gleich Null, so verläuft die Bahn auf der Äquatorebene, bei einem Winkel von 90° führt sie über die Pole.

Für Kommunikationssatelliten ist in der Regel die Äquatorbahn die günstigere, vor allem dann, wenn der Satellit geostationär, d.h. scheinbar stillstehend, positioniert ist. Diesen scheinbaren Stillstand erreicht man durch die Höhe. Je weiter ein Satellit nämlich von der Erde entfernt ist, umso länger wird seine Umlaufzeit um die Erde. Das Space Shuttle hat beispielsweise bei einer Höhe von 250 km eine Umlaufzeit von rd. 1,5 Stunden, in 35 800 km Höhe sind es genau 24 Stunden. Startet man nun den Satelliten in, wie normalerweise üblich, west-östlicher Richtung und positioniert

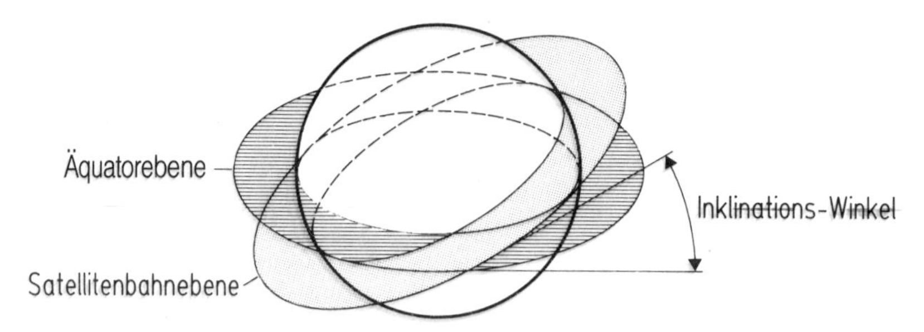

Abb. 1.1.4 Durch den Inklinationswinkel wird die Satellitenbahnebene zur Äquatorebene beschrieben

ihn in eben dieser Höhe, dann steht er für den Betrachter von der Erde immer am gleichen Punkt. In Wirklichkeit tut er das freilich nicht: er bewegt sich tatsächlich genau mit der Umdrehung der Erde mit.

So ideal diese Umlaufbahn für Nachrichtensatelliten auch ist – mit drei Stück davon kann man ein weltweites Nachrichtensatellitennetz aufbauen –, ein geostationärer Satellit reicht nicht bis zum Nordpol oder Südpol. Die UdSSR haben daher auch Satelliten auf polaren Umlaufbahnen, die so stark elliptisch sind, daß die Zeit, in der sie über der Sowjet-Union zur Verfügung stehen, mehrere Stunden betragen kann. Die elliptische Bahn resultiert daraus, daß eben die Umlaufgeschwindigkeit an der erdfernsten Stelle am kleinsten, am erdnächsten Punkt dagegen am größten ist. Solche Satelliten haben für den privaten Fernsehempfang keinerlei Bedeutung, weil die Antennen, wie leicht einzusehen ist, nachgeführt werden müssen.

1.2 Ein wenig Historie

Begonnen hat die Geschichte der Nachrichtensatelliten am 6. April 1965 mit „Early Bird", dem ersten Satelliten von Intelsat (= International Telecommunications

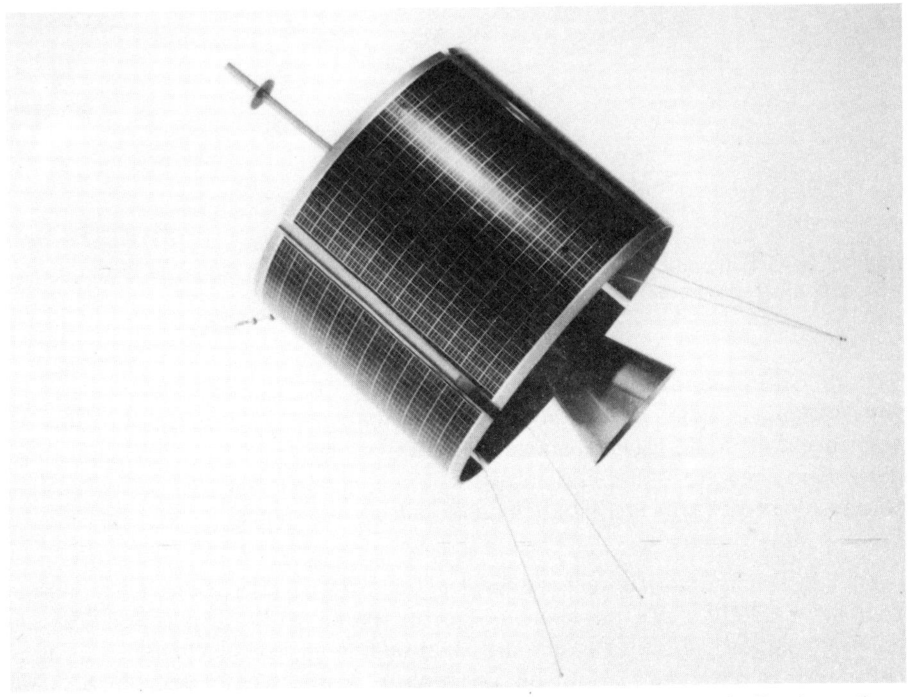

Abb. 1.2.1 Early Bird war der erste geostationäre Satellit (Aufnahme: Deutsche Bundespost)

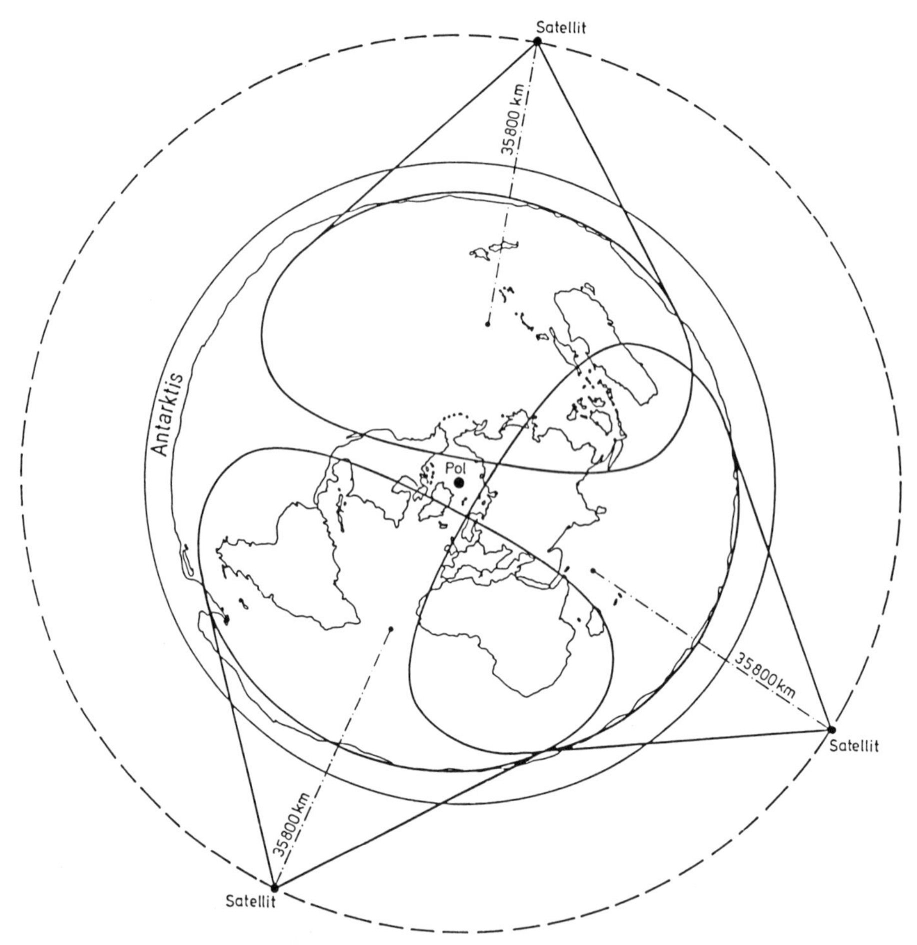

Abb. 1.2.2 Auch mit drei geostationären Satelliten erreicht man nicht die ganze Erdoberfäche, wohl aber die meisten bewohnten Gebiete

Satellite Organisation), auch Intelsat I genannt *(Abb 1.2.1)*. Er konnte gerade eben 240 Telefongespräche oder ein einziges Fernsehprogramm übertragen. Um ihn zu empfangen, waren riesige Parabolantennen erforderlich, etwa das Radom in Raisting, das zudem noch vor Witterungseinflüssen durch eine ballonartige Hülle geschützt war. Das Radom wurde erst kürzlich außer Betrieb genommen.

Zur gleichen Zeit startete auch die Sowjet-Union ihren ersten „Fernseh"-Satelliten vom Typ „Molnija", der, um auch im hohen Norden seine Aufgaben erfüllen zu können, eine stark elliptische Bahn mit einer Inklination von 63,4° beschreibt. Ihre Umlaufzeit beträgt rund 12 Stunden. Das Molnija-System gibt es heute noch; allerdings betreibt die UdSSR auch eine Reihe geostätionärer Nachrichtensatelliten.

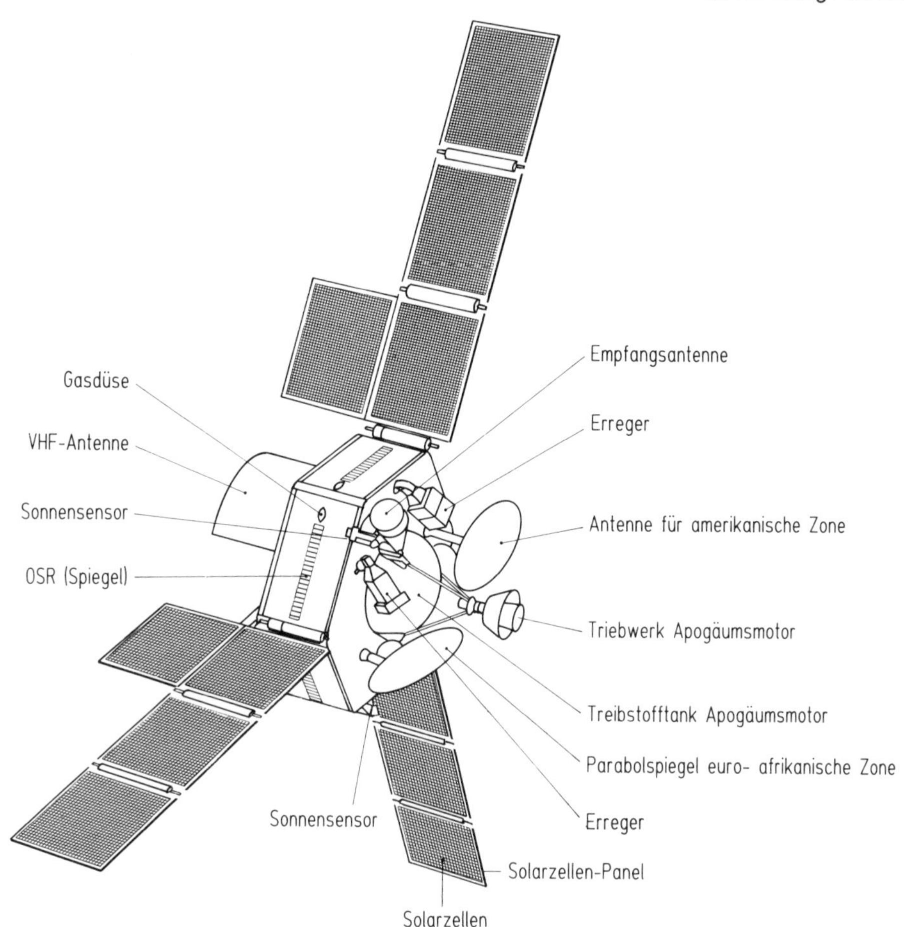

Abb. 1.2.3 Aufbau des deutsch-französischen Forschungs-Nachrichtensatelliten Symphonie

Der Erfolg von „Early Bird" war Grund genug, das System weiter zu entwickeln. Intelsat II F-1 startete am 27. Oktober 1966. Insgesamt umfaßte die Intelsat-II-Serie bis September 1967 vier Satelliten.

Mit dem ersten Intelsat III, der noch 1968 in eine Umlaufbahn geschossen wurde, hatten die Amerikaner eine Satellitenkapazität von 1500 Telefonkanälen und zusätzlich ein Fernsehprogramm erreicht. Durch drei weitere Starts im Jahre 1969, wobei je ein Satellit über dem Atlantik, dem Pazifik und dem Indischen Ozean positioniert wurde, hatte man erstmals ein weltweites Nachrichten- und auch TV-System *(Abb. 1.2.2)*.

Die Intelsat-IV-Ära begann am 25. Januar 1971. Diese Satelliten konnten schon 3750 Telefongespräche und zwei TV-Programme übertragen. Insgesamt gab es davon acht Stück, der letzte startete am 22. Mai 1975. Die Nachfolgeserie heißt Intelsat IV-A und umfaßt fünf Satelliten, von denen einige heute noch in Betrieb sind. Diese Satelliten sind spinstabilisiert, d. h. sie rotieren mit etwa 100 U/min um ihre eigene Achse, die parallel zur Erdachse gerichtet ist. Eine sogenannte entdrallte Plattform, auf der sich die Antennen befinden und die nur einmal pro Tag umläuft sorgt dafür, daß die Antennen stets zur Erde gerichtet sind.

Mit Intelsat V begann dann am 6. Dezember 1980 schon das Satelliten-Zeitalter der Gegenwart.

Mitte der 70er Jahre fing auch in Europa das Nachrichtensatelliten-Zeitalter an. Von Frankreich und der Bundesrepublik gemeinsam entwickelt, machten die Satelliten Symphony 1 und 2 technisch Furore. Systeme, wie sie heute in Satelliten üblich sind, wurden in dieser europäischen Serie erstmals angewandt. Eine dieser Besonderheiten ist die Dreiachsenstabilisierung.

In den USA begann, ebenfalls Mitte der 70er Jahre, das, was man heute mit Pay-TV bezeichnet, gebührenpflichtige Programme für Abonnenten, die in Kabel eingespeist werden. Um den Kundenkreis zu vergrößern, mußten diese Programme möglichst in vielen Kabelnetzen empfangbar sein, und das war nur möglich über Satellitenverbreitung mit den entsprechenden Empfangsstationen am Boden. Diese Satellitenprogramme konnten aber im Prinzip von jedermann empfangen werden, und so entwikkelte sich in den USA ein erhebliches Interesse für private Satellitenanlagen. Heute gibt es bereits Millionen von Satellitenempfangsanlagen-Besitzern, die mehr als 100 Programme aus dem Weltraum empfangen können.

Europa hinkt da noch um einiges hinterher. Der Empfang von Fernmeldesatelliten ist gerade erst erlaubt worden, und noch nicht einmal für alle Satelliten. Das Geräte- und Zubehörangebot beginnt sich jedoch zu entwickeln; gleichwohl bewegen sich die Preise für die Empfangsanlagen-Komponenten im Vergleich zu den USA noch in astronomischen Höhen.

2 Übertragungstechnik

2.1 Eigenschaften von Mikrowellen

Der wichtigste Bereich zum Übertragen von Nachrichtensignalen ist aufgrund der günstigen Durchlässigkeit und wegen des großen Frequenzbandes der Bereich zwischen 1 GHz und 20 GHz. Nachrichtensatelliten arbeiten heutzutage vorwiegend in den Bereichen 4...6 GHz und 10...16 GHz, wobei aufwärts Frequenzen um 6 GHz und 14...15 GHz und abwärts Frequenzen um 4 GHz bzw. 11...13 GHz benutzt werden.

Für eine einwandfreie Verbindung zwischen Erde und Satellit und umgekehrt ist die freie Sicht eine unbedingte Voraussetzung. Aber selbst unter dieser Bedingung kommt es zu Dämpfungen bei der Übertragung, die verschiedene Ursachen haben.

Da ist zunächst die Funkfelddämpfung. Sie nimmt mit dem Logarithmus der Funkfeldlänge zu und errechnet sich wie folgt:

$$a = 10 \lg P1/P2 = 20 \lg \lambda \cdot d/A$$

Darin sind P1 = Sendeleistung, P2 = Empfangsleistung, d = Entfernung und λ = Wellenlänge.

Auch bei erdnahen Funkverbindungen mit optischer Sicht sind die idealen Bedingungen des freien Raumes nicht erfüllt - weitgehend jedoch bei günstigen Wetterbedingungen.

Für die Erde-Satelliten-Verbindungen sind jedoch die Gasmoleküle in der Atmosphäre, aber auch Nebel-, Regen- und Schneeteilchen von einiger Bedeutung. *Abb. 2.1.1* zeigt den Dämpfungsbereich für Regen (Nieselregen 0,25 mm/h, Platzregen 150 mm/h) und Nebel (Dichte 0,1 g/m^3, das sind einige hundert Meter Sichtweite) in Abhängigkeit von der Frequenz. Will man die Regendämpfung in einem Funkfeld genau berechnen, dann müssen die zeitliche Häufigkeit der Regenintensität und die Größe der Regenzellen mit einbezogen werden. Wie die längenbezogene Dämpfung α mit der Regenintensität iR zusammenhängt, zeigt *Abb. 2.1.2*.

Bei Satellitenverbindungen ist die Länge der vom Regen betroffenen Strecke innerhalb eines Funkfeldes auch vom Erhebungswinkel der Antenne abhängig. Sie beträgt beispielsweise bei einem angenommenen Erhebungswinkel von 30° und einer Regenstrecke von 3...6 km zwischen 5 und 11 dB. Dieser für normale Verhältnisse durchaus realistische Wert müßte zu der oben berechneten Funkfelddämpfung noch hinzugezählt werden.

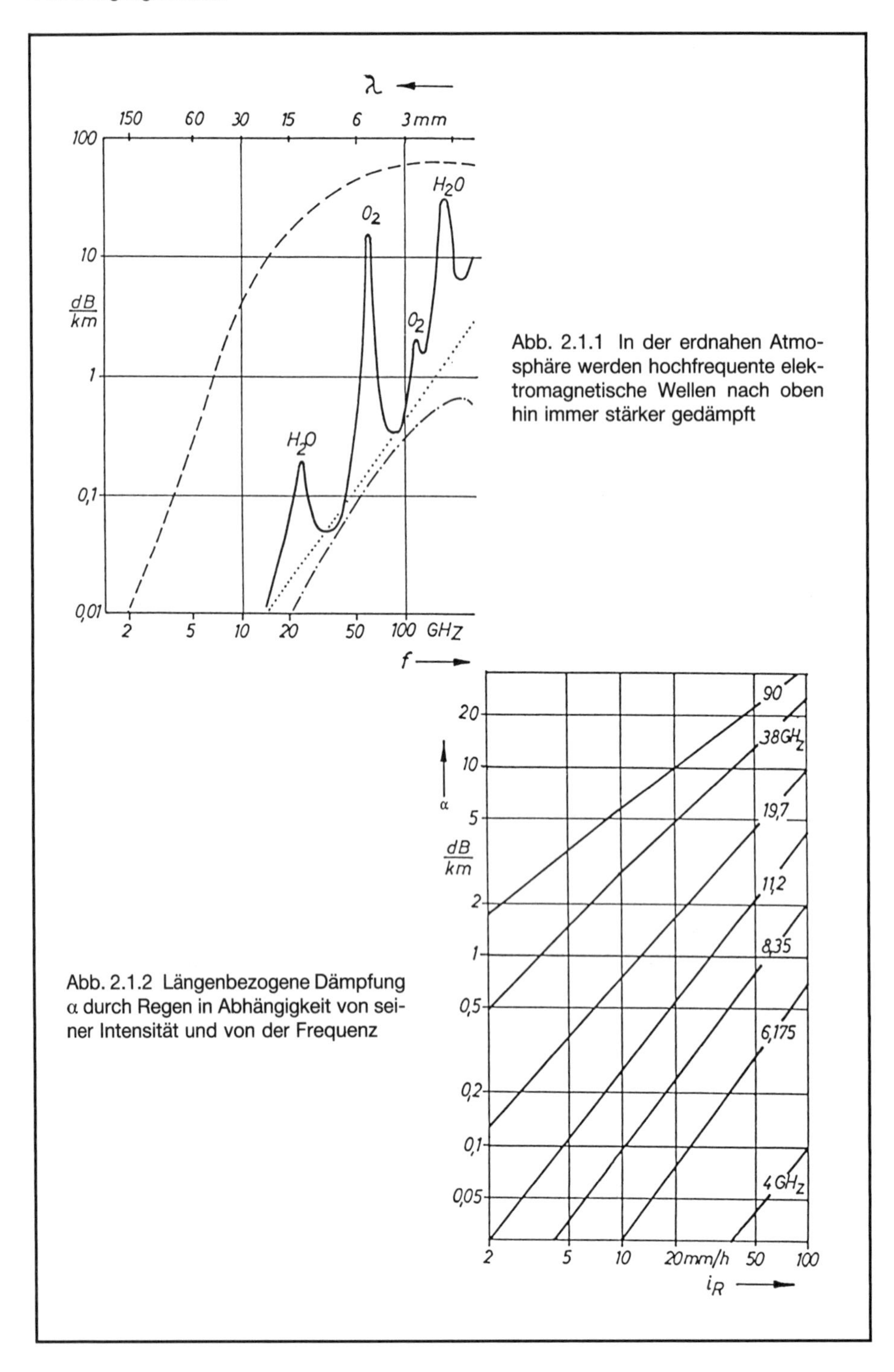

Abb. 2.1.1 In der erdnahen Atmosphäre werden hochfrequente elektromagnetische Wellen nach oben hin immer stärker gedämpft

Abb. 2.1.2 Längenbezogene Dämpfung α durch Regen in Abhängigkeit von seiner Intensität und von der Frequenz

Die Dämpfungsmaße liegen bei mehr als 112 dB und müssen selbstverständlich durch besondere Maßnahmen auf Empfänger und Senderseite ausgeglichen werden.

Wie alle elektromagnetische Wellen breiten sich auch Mikrowellen mit Lichtgeschwindigkeit, also mit 300000 km/h, aus. Bei Funkverbindungen über Satellit ist diese Geschwindigkeit tatsächlich merkbar, denn die Wellen brauchen für die Strecke Erde-Satellit-Erde, rund 80000 km, ca. 0,27 s.

2.2 Erdfunkstellen

Erdfunkstellen bestehen im wesentlichen aus der Antenne, dem Sendesystem und dem Empfangssystem *(Abb. 2.2.1 bis 2.2.3)*. Über die Antennen wird gesendet und empfangen. Um die Frequenzbereiche besser auszunutzen, arbeitet man mit ver-

Abb. 2.2.1 Erdfunkstelle Raisting. Das fast verdeckte Radom ist nicht mehr in Betrieb

schiedenen Polarisationen (links- und rechtsdrehend zirkular oder horizontal und vertikal). Eine Frequenz- und Polarisationsweiche besitzt also mehrere Sende- und Empfangsanschlüsse.

Abb. 2.2.2 Die TV-Schaltstelle in Raisting. Sie verbindet das terrestrische Fernsehleitungsnetz mit den interkontinentalen Satellitenübertragungswegen. Hier stehen auch die Fernseh-Normwandler für NTSC und Secam in PAL

Abb. 2.2.3 Zentraler Kontrollraum der Erdfunkstelle in Raisting. Von hier aus besteht auch ständiger Kontakt zu den anderen Erdfunkstellen in der Welt

Die im allgemeinen in Erdfunkstellen verwendeten Cassegrain-Antennen können Durchmesser von 32 m haben. Ihr Gewinn beträgt 61 dB bei 4 GHz, und die Strahlbreite ist 0,14°.

Das Sendesystem kann sowohl Fernsprech- und Datensignale in Form von Multiplexsignalen als auch Fernsehsignale erhalten, die mit je einer Trägerschwingung durch Frequenzmodulation auf eine Zwischenfrequenz von 70 MHz und dann auf die Sendefrequenz im 6- oder 14-GHz-Bereich gebracht werden. Die Frequenzmodulation macht die Signale unempfindlich gegen Störungen im Übertragungsweg. Moderne Übertragungsverfahren wie PCM-Technik werden heutzutage auch angewandt.

Auf der Empfangsseite kommt es hauptsächlich darauf an, daß die Eingangsstufen extrem rauscharm sind. Dazu dienen parametrische Verstärker mit Rauschtemperaturen von 50 K. Sie verstärken das gesamte Frequenzband, also mehrere hundert Megahertz. Die Vorverstärker setzen die Empfangssignale auf die ZF von 70 MHz um, wo sie so verstärkt werden, daß sie demoduliert werden können.

2.3 Nachrichtensatelliten

Die nachrichtentechnischen Einrichtungen eines Satelliten sind:

- die Antennen,
- die Transponder,
- Telemetriesysteme und
- die Stromversorgung.

Ein Satellit wie der Intelsat V *(Abb. 2.3.1)* verfügt über insgesamt acht Antennen. Davon dienen zwei jeweils zum Senden (6 GHz) und Empfangen (4 GHz) für Globalausleuchtung mit 24 cm bzw. 36 cm Durchmesser. Eine weitere Sendeantenne für 4 GHz weist vier Strahlungskeulen auf, nämlich für die jeweils westlich und östlich vom Satelliten sich befindliche Hemisphäre sowie für eine westlich und östlich liegende Zone. Eine entsprechende Empfangsantenne weist die gleichen Daten auf. Dazu kommen zwei Spot-beam-Antennen, die beide im 11-/14-GHz-Bereich senden und empfangen können. Ihr Durchmesser ist 1,3 m, und ihr Gewinn beträgt 43 dB. Natürlich kommt bei den hier ausgeleuchteten, nochmals kleineren Gebieten ein noch stärkeres Signal an. Schließlich gibt es noch zwei weitere Antennen für Telemetrie- und Kommandofunktionen.

Herzstück des Sende-/Empfangsteils sind die Transponder (= *Transmitter-responder*). Ein solcher Transponder besteht aus dem Empfänger, einem Umsetzer und dem Sender. Die Transponder können verschiedene Bandbreiten haben; beim Intelsat V gibt es solche mit 36 MHz, 72 MHz und 241 MHz.

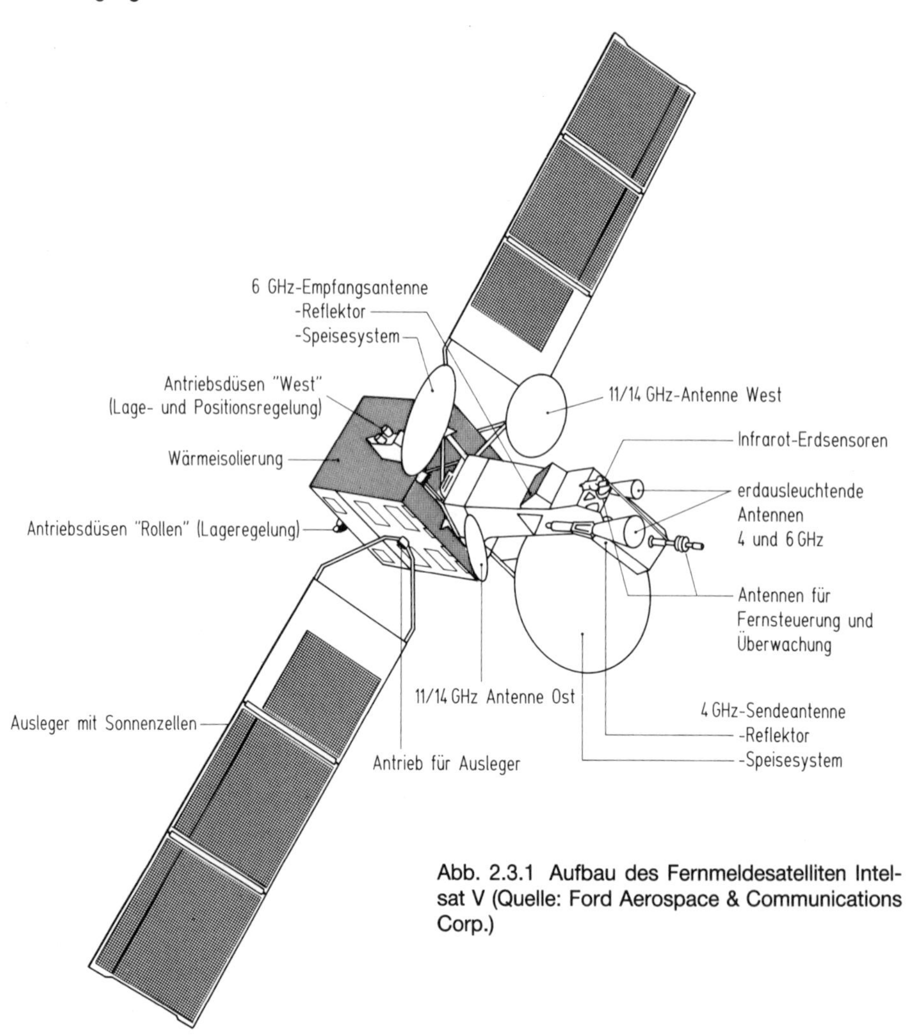

Abb. 2.3.1 Aufbau des Fernmeldesatelliten Intelsat V (Quelle: Ford Aerospace & Communications Corp.)

Der Intelsat V hat 15 Empfänger, von denen 7 für den Betrieb vorgesehen sind. Die übrigen stehen als Reserve bereit. Sie sind den Ausleuchtgebieten zugeordnet. Die empfangenen Signale setzt man auf eine ZF von 4 GHz um und führt sie einer Schaltmatrix zu, in der man durch Fernsteuerung von der Erde aus die Sende- und Empfangsgebiete zuordnet. Die 4-GHz-Signale gelangen dann entweder direkt auf den Sendeteil, oder sie werden noch auf 11 GHz umgesetzt, um dann ebenfalls dem Sende- und Antennenteil zugeführt zu werden. Insgesamt verfügt der Intelsat über 43 Sender, von denen 27 in Betrieb sind. Der Rest ist auch hier Reserve.

Die Stromversorgung im Satelliten übernehmen ausschließlich Solarzellen *(Abb. 2.3.2)*. Die Solarzellenfläche beträgt beim Intelsat V 20m^2. Nach sieben Jahren, am Ende der Betriebsdauer des Satelliten, müssen sie noch 1300 W bereitstellen können.

Abb. 2.3.2 Montage der Solarflügel eines Nachrichtensatelliten bei AEG-Telefunken in Wedel. Die Nennleistung beträgt 3000 W

2.4 D2-MAC

Bei D2-MAC, das als neues Farbfernsehsystem mit den Rundfunksatelliten TV-SAT und TDF-1 eingeführt wird, werden die analogen Farb- und Helligkeitsinformationen nicht mehr gleichzeitig (wie bei PAL), sondern zeitlich voneinander getrennt übertragen, wodurch die gegenseitige Beeinflussung von Helligkeits-, Farb- und Tonsignalen von vornherein vermieden wird. Infolgedessen hat das Oszillogramm eines D2-MAC-Signals auch ein völlig anderes Aussehen als dasjenige eines PAL-Signals *(Abb. 2.4.1 und 2.4.2)*.

Die Übertragung einer Zeile beginnt mit digitalen Daten von 11 µs Dauer. Sie enthalten neben verschiedenen Begleittönen Zusatzinformationen sowie Signale zur Bildsynchronisierung. Auf eine 500 ns lange Klemmperiode folgt für ca. 17 µs die Farbinformation und schließlich für ca. 35 µs die Helligkeitsinformation; zusammen ergeben sich dafür 64 µs. Das ist im Vergleich zum „normalen" PAL-Bild erheblicher weniger. Dort sind beide Signale jeweils mindestens 50 µs lang. Bei genauer Betrachtung fällt darüberhinaus auf, daß die Farbinformation gegenüber der Helligkeitsinformation noch zusätzlich gestaucht ist. Die Notwendigkeit, durch die sequentielle Übertragung die Bildinformation für eine Zeile auch innerhalb der Dauer einer Zeile übertragen zu müssen, macht die zeitliche Kompression der Signale erforderlich.

Macht im gewöhnlichen Fernsehbild z. B. eine sinusförmige Helligkeitsverteilung, die fünf Perioden innerhalb des Fensters einer aktiven Zeile aufweist, in 10 µs eine volle Schwingung, so beträgt ihre Frequenz also 100 kHz. Bei D2-MAC muß der gleiche Vorgang innerhalb von 34 µs ablaufen: die Frequenz beträgt somit 150 kHz. Das ergibt einen Kompressionsfaktor von 1,5 für das Helligkeitssignal und zugleich einen um den Faktor 1,5 erhöhten Bandbreitebedarf.

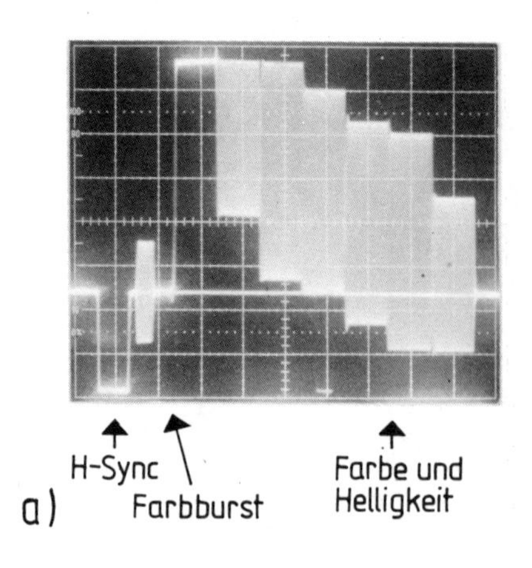

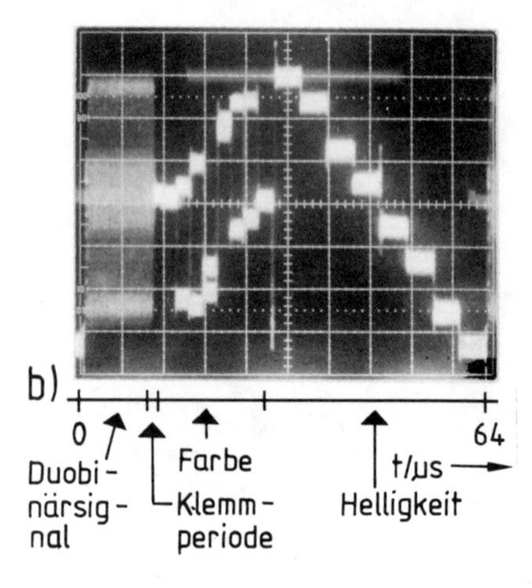

Abb. 2.4.1 a = Oszillogramm eines PAL-Signals; b = Oszillogramm eines D2-MAC-Signals. Man sieht die Parallelübertragung von Farbe, Helligkeit und Ton bei PAL und im Gegensatz dazu die saubere Trennung bei D2-MAC (Quelle: FUNKSCHAU)

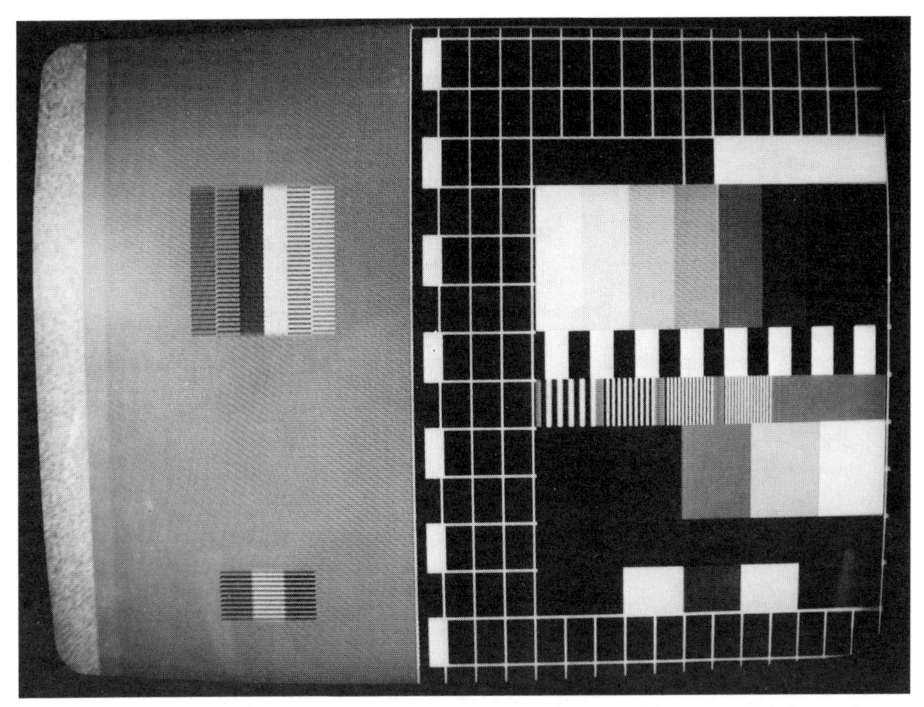

Abb. 2.4.2 D2-MAC auf einem normalen Video-Monitor. Von links: der Digitalton mit den Zusatzinformationen, Chrominanzsignal und Luminanzsignal (Quelle: FUNKSCHAU)

Ähnlich geht man beim Farbsignal vor. Da das menschliche Auge Farbkonturen nicht so gut auflöst wie Helligkeitskonturen, kommt man hier im Prinzip mit einer geringeren Bandbreite als für die Helligkeitsinformation aus. In der Praxis verwendet D2-MAC für die komprimierten Farbsignale die gleiche Bandbreite wie für die komprimierten Helligkeitssignale, hat aber den höheren Kompressionsfaktor von 3.

Die Systembandbreite für das Bildsignal beträgt 8,4 MHz, wovon für die Helligkeitssignale 5,6 MHz und für die Farbinformation 2,8 MHz nutzbar sind.

Die Tonübertragung erfolgt völlig digital. Die Übertragungsrate ist 1,539 MBit/s, wobei die Übertragung im Burst-Betrieb mit einer Rate 10,125 Bit/s vorgenommen wird. Das C-MAC-Verfahren überträgt im Gegensatz dazu mit einer Burst-Datenrate von 20,25 MBit/s und somit mit der doppelten Ton-Datenmenge, wobei zusätzlich noch 2-4-PSK-Phasenmodulation angewandt wird.

Mit der Übertragungsrate von 1,539 Bit/s lassen sich zwei hochwertige Stereoprogramme oder bis zu acht Kommentatorkanäle übertragen. Sie sind verschieden kombinierbar – je nach den Bedürfnissen des Programms.

Beim D2-MAC-Verfahren erreicht man eine Tonqualität, die fast derjenigen der CD entspricht: Übertragungsbandbreite bis 15 kHz, Störabstand von 84 dB.

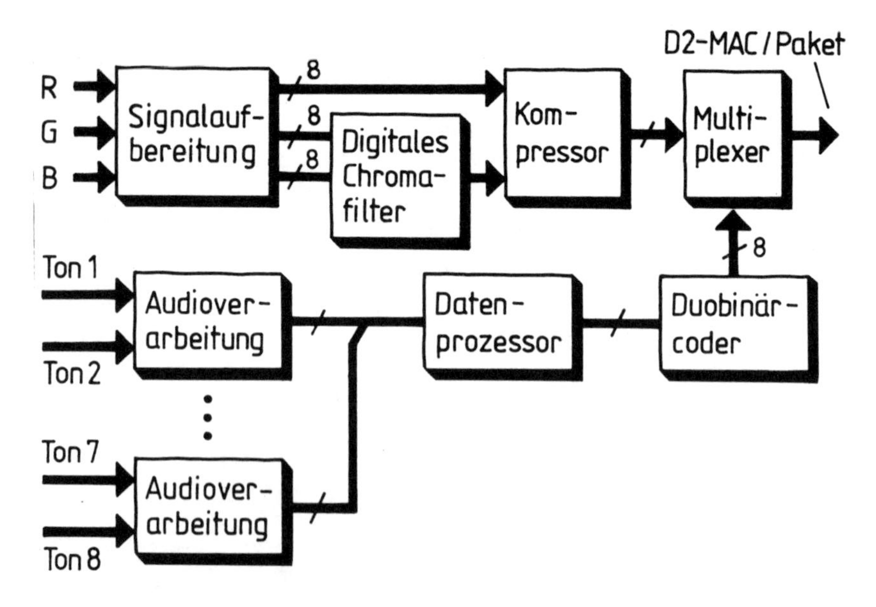

Abb. 2.4.3 Bild- und Tonverarbeitung im D2-MAC-Coder (Quelle: FUNKSCHAU)

In Abb. 2.4.3 ist das Blockschaltbild eines D2-MAC-Coders für Ton und Bild gezeigt. Die Baugruppen zur Videoverarbeitung gliedern sich in analoge Vorverarbeitung der Signale, wie die Matrizierung der Farbsignale Rot, Grün und Blau in das Luminanzsignal Y und die Chrominanzsignale U, V sowie die Tiefpaßbegrenzung auf 5,6 MHz (Y) und 2.5 MHz (U,V). Danach werden die Luminanzkomponente mit 13,5 MHz und die Chrominanzkomponenten mit jeweils 6,75 MHz digitalisiert. Die Wortbreite beträgt acht Bit und ergibt einen ausrechenden Signal-/Rauschabstand.

Nach Passieren eines digitalen Filters werden die Chrominanzsignale U und V mit 6,75 MHz im Videomultiplexer in einen Zeilenspeicher geschrieben. Die gewünschte Zeitkompression von 3 : 1 erreicht man dadurch, daß die Signale mit 20,25 MHz wieder ausgelesen werden. Gleichzeitig mit den Komponenten U und V wird auch das Helligkeitssignal in den Speicher geschrieben. Bei 13,5 MHz Schreibrate und einer Auslesefrequenz von 20,25 MHz ergibt hierbei die Zeitkompression von 1,5 : 1.

Der Multiplexer faßt die Video- und die digitalen Audiosignale zusammen, versieht sie mit Steuer- und Synchroninformationen und setzt sie in Analogsignale um, die entsprechend aufmoduliert gesendet werden.

Übrigens: „Multiplexed Analogue Components“ versteckt sich hinter Abkürzung MAC – und noch jemand, dessen PAL-System in mancher Gazette schon mit einem

Ausdruck der Schadenfreude totgesagt wurde: Prof. Walter Bruch, der sich MAC ursprünglich für eine verbesserte Magnetaufzeichnung ausgedacht hatte.

Die verbesserte Bildqualität von D2-MAC-Signalen werden jedoch nur die Zuschauer auskosten, deren Fernsehgerät für D2-MAC ausgerüstet ist. Die Normwandlung von D2-MAC in PAL bringt eine Qualitätsverschlechterung.

3 Satellitentypen

3.1 Fernmeldesatelliten

Fernmeldesatelliten dienen dazu, Signale, die im Auftrag von Dritten von der jeweiligen Postverwaltung transportiert werden, über große Distanzen zu übertragen. Dabei handelt es sich um Datensignale und Telefongespräche ebenso wie um

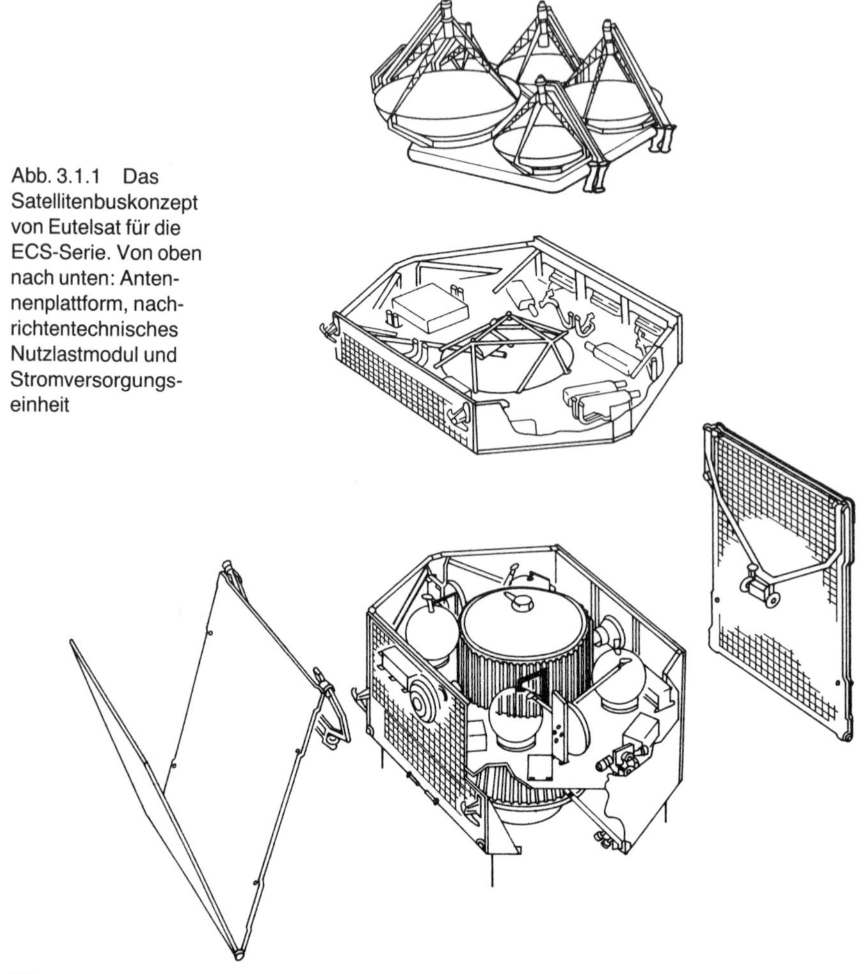

Abb. 3.1.1 Das Satellitenbuskonzept von Eutelsat für die ECS-Serie. Von oben nach unten: Antennenplattform, nachrichtentechnisches Nutzlastmodul und Stromversorgungseinheit

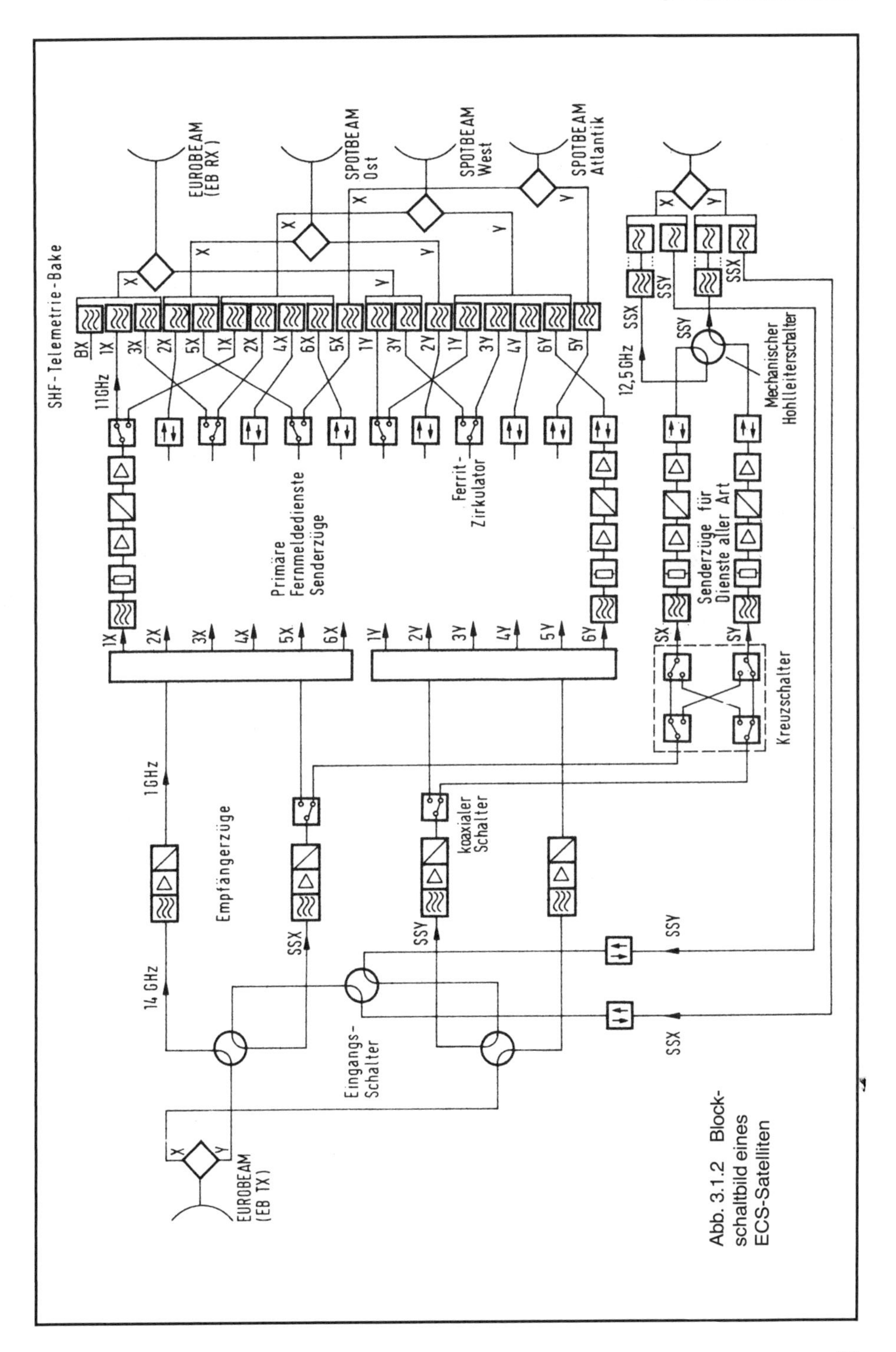

Abb. 3.1.2 Blockschaltbild eines ECS-Satelliten

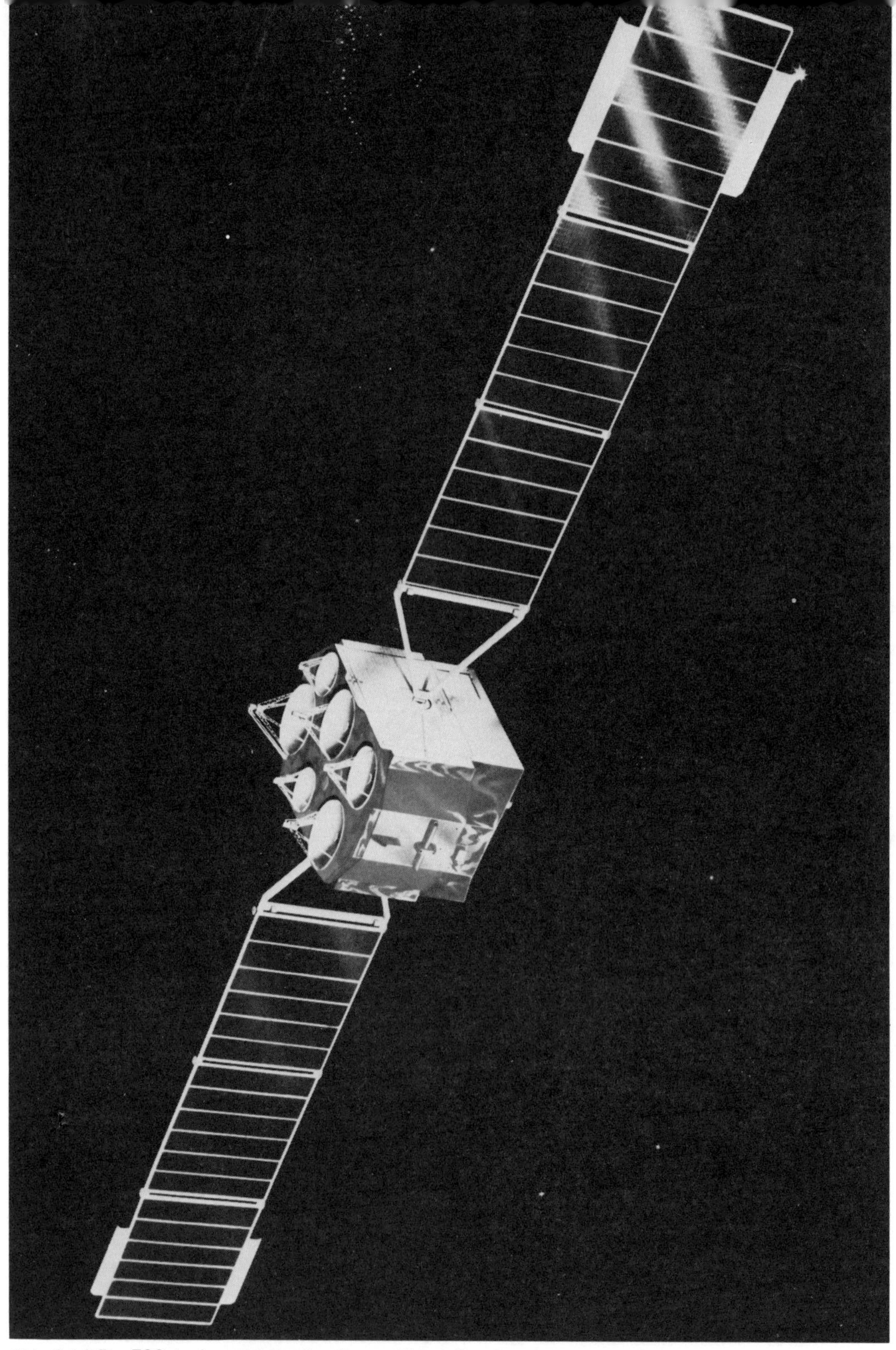

Abb. 3.1.3 Der ECS-4, ein geostationärer Fernmeldesatellit, wiegt 610 kg, hat einen Durchmesser von 2,15 m, und seine Solarzellenflügel sind 13,8 m lang

Fernsehsignale. Diese Satelliten haben relativ geringe Sendeleistungen. Daher müssen die Empfangsantennen relativ groß sein. Jahrelang konnten Fernmeldesatellitensignale nur von den großen Erdfunkstellen empfangen und natürlich auch mit Sendesignalen bedient werden.

Die GHz-Technik hat in den letzten Jahren rasante Fortschritte gemacht, so daß es möglich wurde, die Parabolspiegel-Durchmesser drastisch zu verkleinern. Für Kabelanlagen kommt die Post heute schon mit Spiegeln von 3,50 m aus. Selbst sehr ungünstige Witterungseinflüße wie Schnee oder starker Regen beeinflussen die Bildqualität nicht.

Macht man gewisse Abstriche an die Bildqualität bei eben diesen Witterungsbedingungen, dann kann man den Spiegeldurchmesser bis auf 1,50 m verkleinern. Das machte es möglich, daß Satellitenempfangsanlagen auch für Privatleute, einzeln oder mit anderen zusammen, bezahlbar wurden. Die Deutsche Bundespost erteilt auch die Genehmigung dazu, allerdings momentan nur für die Typen Eutelsat F-1 (ECS-1) und Intelsat V.

Die Satelliten der ECS-Serie (= European Communication Satellite) gehören einer Busfamilie an. Darunter versteht man eine Satellitengrundeinheit, auf der aufbauend verschiedene Anwendungssatelliten zusammengestellt werden können. Der sogenannte Satellitenbus besteht aus drei modularen Grundeinheiten *(Abb. 3.1.1)*. Die Satellitenuntersysteme für die Bahnverfolgung, Telemetrie, Telekommando, Lage- und Bahnregelung, der Apogäumsmotor, die Energieerzeugung, -aufbereitung und -speicherung, sie alle sind im Stromversorgungs- und Servicemodul untergebracht. Die nachrichtentechnischen Einrichtungen befinden sich im Nutzlast- und Kommunikationsmodul. Das dritte Segment des Satellitenbus ist die an sich variable Antennenplattform. Das Blockschaltbild des ECS-1 ist in *Abb. 3.1.2* dargestellt, den Satelliten selbst zeigt *Abb. 3.1.3*.

3.2 Direktstrahlende Satelliten (DBS)

Während Fernmeldesatelliten ursprünglich ausschließlich der Nutzung durch die europäischen Postverwaltungen vorbehalten waren, waren die direktstrahlenden Satelliten (DBS = direct broadcasting satellite) von Anbeginn an als Rundfunksatelliten vorgesehen. Sie sind damit nichts anderes als ein Rundfunksender auf einem hohen Berg – in diesem Falle eben in 35 800 km Höhe.

In Europa sind für die einzelnen Länder eine ganze Reihe von direktstrahlenden Satelliten geplant, wobei jedem Staat fünf verschiedene Frequenzen zur Verfügung stehen. Da die Anzahl der Frequenzen begrenzt ist, sind mehrere Satellitenpositionen vorgesehen *(Tabelle 3.2.1 bis 3)*.

Tabelle 3.2.1 Kanalzuordnung, Orbitposition und Polarisation nationaler Rundfunksatelliten im 12-GHz-Bereich

Land	Orbit-position	Pola-risation	Kanäle				
Frankreich	– 19 ° West	1	1	5	9	13	7
Luxemburg	– 19 ° West	1	3	7	11	15	19
Belgien	– 19 ° West	1	21	25	29	33	37
Niederlande	– 19 ° West	1	23	27	31	35	39
Deutschland	– 19 ° West	2	2	6	10	14	18
Österreich	– 19 ° West	2	4	8	12	16	20
Schweiz	– 19 ° West	2	22	26	30	34	38
Italien	– 19 ° West	2	24	28	32	36	40
Irland	– 31 ° West	1	2	6	10	14	18
Großbritannien	– 31 ° West	1	4	8	12	16	20
Portugal	– 31 ° West	2	3	7	11	15	19
Island	– 31 ° West	2	21	25	29	33	37
Spanien	– 31 ° West	2	23	27	31	35	39
San Marino	– 37 ° West	1	1	5	9	13	17
Liechtenstein	– 37 ° West	1	3	7	11	15	19
Monaco	– 37 ° West	1	21	25	29	33	37
Vatikan	– 37 ° West	1	23	27	31	35	39
Andorra	– 37 ° West	2	4	8	12	16	20
Jugoslawien	– 7 ° West	1	21	25	29	33	37
Jugoslawien	– 7 ° West	1	23	27	31	35	39
Albanien	– 7 ° West	2	22	26	30	34	38
Rumänien	– 1 ° West	1	2	6	10	14	18
Bulgarien	– 1 ° West	1	4	8	12	16	20
Ungarn	– 1 ° West	1	22	26	30	34	38
Polen	– 1 ° West	2	1	5	9	13	17
Tschechoslowakei	– 1 ° West	2	3	7	11	15	19
DDR	– 1 ° West	2	21	25	29	33	37
Griechenland	+ 5 ° Ost	1	3	7	11	15	19
Dänemark (Färöer)	+ 5 ° Ost	1		27		35	
Island	+ 5 ° Ost	1	23		31		39
Finnland	+ 5 ° Ost	2	2	6	10	22	26
Norwegen	+ 5 ° Ost	2	14	18	28	32	38
Schweden	+ 5 ° Ost	2	4	8	30	34	40
Dänemark	+ 5 ° Ost	2	12	16	20	24	36

Polarisation 1 = rechtsdrehend-zirkular, 2 = linksdrehend-zirkular

Tabelle 3.2.2 Kanäle und Frequenzen im 12-GHz-Bereich

Kanal	Bildträgerfrequenz (GHz)	Kanal	Bildträgerfrequenz (GHz)
1	11,72748	21	12,11108
2	11,74666	22	12,13026
3	11,76584	23	12,14944
4	11,78502	24	12,16862
5	11,80420	25	12,18780
6	11,82338	26	12,20698
7	11,84256	27	12,22616
8	11,86174	28	12,24534
9	11,88092	29	12,26452
10	11,90010	30	12,28370
11	11,91928	31	12,30288
12	11,93846	32	12,32206
13	11,95764	33	12,34124
14	11,97682	34	12,36042
15	11,99600	35	12,37960
16	12,01518	36	12,39878
17	12,03436	37	12,41796
18	12,05354	38	12,43714
19	12,07272	39	12,45632
20	12,09190	40	12,47550

Tabelle 3.2.3 Rahmendaten der Rundfunksatelliten

Frequenzband:	11,7...12,5 GHz
Zahl der Kanäle:	40 (Kanalnummer 1...40)
Kanalfrequenzen:	siehe Tabelle 3.2.2
Kanalabstand:	19,18 MHz
Kanalbreite:	27 MHz
Modulationsart Bild und Ton:	FM (oder Modulationsverfahren mit entsprechenden Störgrenzwerten, z.B. D2-MAC)
Kanäle pro Nation:	5
nationaler Kanalzwischenraum:	mind. 3 Kanäle
nationale Kanalzuordnungen:	siehe Tabelle 3.2.1
Senderabstrahlung:	zirkulare Polarisation, von Kanal zu Kanal wechselnd linksdrehend oder rechstdrehend
Satellitenorbitposition:	siehe Tabelle 3.2.1
Satellitenpositions-Genauigkeit:	± 0,1 ° N/S ± 0,1 ° O/W ± 0,14 ° insgesamt
Satellitenantennen-Ausrichtfehler:	± 0,1 ° in jeder Richtung ± 2 ° Drehung um die Strahlachse
Leistungsflußdichte am Rande des Versorgungsgebietes für 99 % der Übertragungszeit	
für Einzelempfang:	– 103 dBW/m²
für Gemeinschaftsemfang:	– 111 dBW/m²
im Versorgungsmittelpunkt:	– 100 dBW/m²
Gütefaktor G/T der Empfangseinrichtung bei	
Einzelempfang:	6 dB/K
Gemeinschaftsempfang:	14 dB/K

(Quelle: Fuba)

Abb. 3.2.1
Ansicht des TV-SAT
(Foto: ANT)

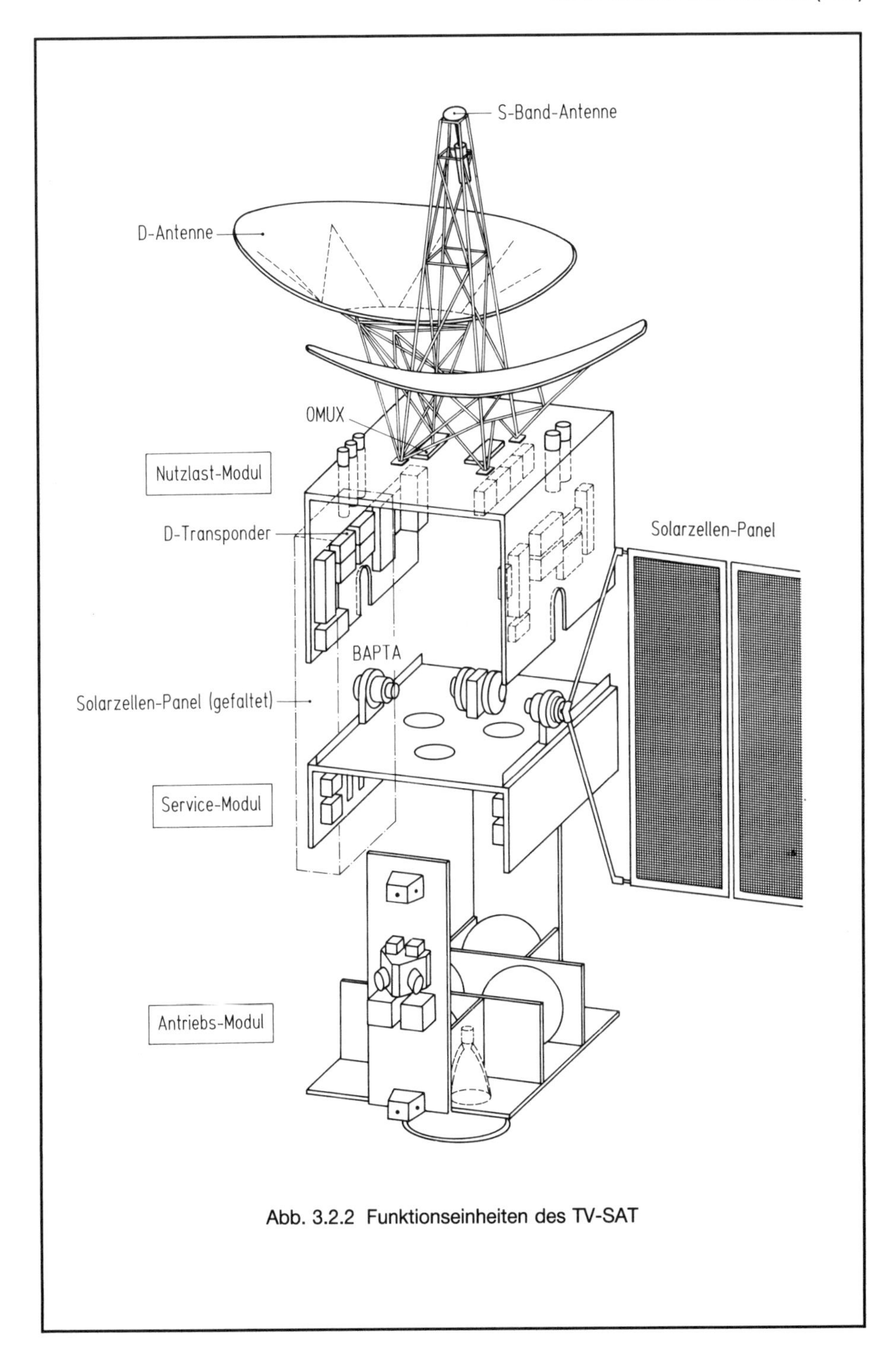

Abb. 3.2.2 Funktionseinheiten des TV-SAT

Die Konzeption des deutschen DBS-Satelliten TV-SAT *(Abb. 3.2.1)*, der mit dem französischen TDF 1 praktisch identisch ist, stammt aus dem Jahre 1977. In einer Studie der Deutschen Forschungs- und Versuchsanstalt für Luft- und Raumfahrt (DFVLR) werden auch die Anforderungen an den Heimempfänger untersucht, der entweder eingebaut in den Hörfunk- oder Fernsehempfänger oder als Vorschaltgerät für bereits vorhandene Empfänger angeboten werden wird.

TV-SAT ist ein geostationärer 3-Achsen-stabilisierter Satellit, der im wesentlichen aus folgenden Funktionseinheiten besteht *(Abb. 3.2.2)*:

- Nutzlastmodul mit Transponder und Antennen,
- Servicemodul mit den Versorgungseinheiten,
- Antriebsmodul mit den Triebwerken.

Der Sendefrequenzbereich liegt zwischen 11,7 und 12,1 GHz. Die Kanalbreite beträgt 27 MHz. Zugewiesen sind die Kanäle 2, 6, 10, 14 und 18 *(Tabelle 3.2.4)*. Der Frequenzbereich grenzt unmittelbar an denjenigen der Fernmeldesatelliten an; er kann jedoch mit den für letztere konzipierten Empfängern nur dann empfangen werden, wenn der Konverter in den Frequenzbereich 950...17 000 MHz umsetzt.

Tabelle 3.2.4 Frequenzen der einzelnen Kanäle und zugehörige EIRP

Kanal Nr.	Frequenz in MHz	EIRP/dBW
Kanal 2	11 746,66	65,5 + 0,25
Kanal 6	11 823,38	65,6 + 0,25
Kanal 10	11 900,10	65,6 + 0,25
Kanal 14	11 976,82	65,7 + 0,25
Kanal 18	12 053,54	65,7 + 0,25

Der TV-Standard, mit dem die Fernsehsignale über TV-SAT und TDF-1 ausgestrahlt werden, ist das D2-MAC-Verfahren (siehe Kapitel 2.4). Dieses D2-MAC-Verfahren bringt ein farbreines Bild, frei von Cross-Color, vier Tonkanäle und zusätzliche Übertragungskanäle für künftige Nutzungs- und Anwendungsmöglichkeiten. Außerdem soll TV-SAT 2 (TV-SAT 1 konnte ja infolge technischer Probleme an seinem Sonnensegel den Betrieb nicht aufnehmen) der Erprobung künftiger Fernsehnormen bis hin zu HDTV (= High Density Television, hochauflösendes Fernsehen) dienen.

Abb. 3.2.3 Nutzlastmodul des TV-SAT bei der Montage (Foto: ANT)

Abb. 3.3.1 Ansicht des Medium-Power-Satelliten ASTRA

3.3 Medium-Power-Satelliten – der preiswerte Weg in die Fernsehzukunft?

Das Luxemburger Konsortium Société Européenne des Satellites (SES) plant für 1988/89 den Start eines Medium-Power-Satelliten, genannt ASTRA *(Abb. 3.3.1)*, der die Überlegungen und Erwartungen von Medienpolitikern und -Technikern gleichermaßen über den Haufen werfen könnte. Die Sendeleistung dieses Satelliten liegt zwischen derjenigen der DBS- und derjenigen der Fernmeldesatelliten. Er ermöglicht daher den Empfang von Fernsehsignalen bereits mit 60-cm-Parabolantennen – einer Antennengröße, wie sie noch bis 1985 für den Empfang von TV-SAT genannt wurde.

ASTRA bietet allerdings einiges mehr:

- 16 Fernsehkanäle und zusätzlich sechs Reservekanäle,
- der Beam überstreicht praktisch ganz Europa,
- erwartete Lebensdauer 10 Jahre,
- Frequenzbereich 11,2...11,45 GHz.

Dieser Frequenzbereich liegt innerhalb demjenigen der Fernmeldesatelliten. Somit sind Fernmelde-Satellitenempfänger auch für ASTRA geeignet.

Tabelle 3.3.1 Kanäle und Frequenzen des ASTRA

Kanal Nr.	Empfangsfrequenz in MHz	Sendefrequenz in MHz
1	14 264,25	11 214,25
2	14 279,00	11 229,00
3	14 293,75	11 243,75
4	14 308,50	11 258,50
5	14 323,25	11 273,25
6	14 338,00	11 288,00
7	14 352,75	11 302,75
8	14 367,50	11 317,50
9	14 382,25	11 332,25
10	14 397,00	11 347,00
11	14 411,75	11 361,75
12	14 426,50	11 376,50
13	14 441,25	11 391,25
14	14 456,00	11 406,00
15	14 470,75	11 420,75
16	14 485,50	11 435,50

Die Telemetriefrequenzen sind 11 203,00 MHz und 11 446,5 MHz. Die Kanäle mit den geraden Zahlen sind auf der Abwärtsstrecke vertikal polarisiert, die anderen horizontal.

Auch ASTRA ist ein 3-Achsen-stabilisierter geostationärer Satellit. Die EIRP wird mit 50 dBW (am Ende der Lebensdauer) angegeben. Sein Strahlungsdiagramm überstreicht in hervorragender Weise praktisch ganz Europa.

3.4 DFS – Deutscher Fernmeldesatellit Kopernikus

1989 startete die Deutsche Bundespost einen eigenen Fernmeldesatelliten, DFS genannt *(Abb. 3.4.1 und 3.4.2)*. Er wird noch durch den DFS 2 ergänzt. Dieser Satellit übernimmt die über den Intelsat V F-12 auf 60 Grad Ost abgestrahlten Programme. Er hat mit seiner Orbitposition von 23,5 Grad Ost auch die wesentlich günstigere Position.

Für die Deutsche Bundespost ging der Aufbau eines eigenen Fernmeldesatellitensystems von der Erwartung aus, daß für die späten 80er und frühen 90er Jahre ein Bedarf an Fernmeldedienstleistungen zu erwarten ist, die wegen ihrer hohen Anforderungen an die Übertragungsgeschwindigkeit bzw. Bandbreite mit dem bis dahin

Abb. 3.4.1 Ansicht des DFS Kopernikus der Deutschen Bundespost

Abb. 3.4.2 Antennensystem des DFS Kopernikus bei der Vorbereitung für den Sonnensimulationstest (Foto: ANT)

erreichbaren Ausbau der terrestrischen Netze noch nicht oder nicht an jedem beliebigen Ort angeboten werden kann.

Ein solches nationales Fernmeldesatellitensystem ist somit eine sinnvolle Ergänzung des Ausbaus der terrestrischen Medien. Daneben wird das Satellitennetz für eine Reihe eigenständiger Kommunikationsanwendungen (z. B. TV-Reportagen mit mobilen Stationen, Datenverteilung an viele Empfangsstellen usw.) eingesetzt.

Das Satellitenbetriebszentrum ist die Erdfunkstelle Usingen in Zusammenarbeit mit der DFVLR in Oberpfaffenhofen bei München. Insgesamt gibt es für das Gesamtsystem „Neue Dienste“ noch 32 Erdfunkstellen, die auf maximal 100 erweitert werden können, dazu Sende- und Empfangs-Erdfunkstellen für die TV-Zuführung.

4 Satellitenempfangseinrichtungen

4.1 Parabolspiegel und Konverter

Der Empfang von superhohen Frequenzen (SHF) gehorcht grundsätzlich anderen Gesetzen als der von „normalen“ Frequenzen im UKW- oder UHF-Bereich. Im Gegensatz zu diesen herrschen im 11-GHz-Band schon weitgehend optische Gesetz-

Abb. 4.1.1a Mit einem solchen 1,5-m-∅-Spiegel ist heutzutage ausgezeichneter Satelliten-Heimempfang möglich

Abb. 4.1.1b 1,2-m-∅-Parabolspiegel von dnt

mäßigkeit. Hindernisse, die auf der direkten Linie zwischen Satellit und Empfangsantenne liegen, können den Empfang merklich beeinflussen.

Durch die hohen Frequenzen und demzufolge die niedrigen Wellenlängen von rund 3 cm wären die Antennenelemente beim Bau einer Yagiantenne so klein, daß sie zum einen mechanisch nur schlecht beherrschbar wären, zum anderen ist selbst bei Parallelschalten mehrerer solcher Antennen der erzielbare Gewinn zu bescheiden. Da aber die 3-cm-Wellen optischen Gesetzen gehorchen, lassen sich auch die Gesetze der Optik anwenden. Als paraboloiden Spiegel nimmt man allerdings keinen optischen Spiegel aus beschichtetem Glas, sondern aus Metall. Im Brennpunkt des Spiegels *(Abb. 4.1.1 und 4.1.2)* wird, beispielsweise mit drei Abstandsstäben, das Speisehorn mit dem Konverter (LNC = Low Noise Converter) montiert *(Abb. 4.1.3 und 4.1.4)*.

Abb. 4.1.2a Parabolantennen für Heimempfang von Hirschmann

Abb. 4.1.2b Parabolantenne von Kathrein

Abb. 4.1.2c 60-cm-Parabolantenne für TV-SAT von Kathrein

Abb. 4.1.2d
Offset-Parabolantenne von Fuba

Abb. 4.1.2e Offset-Parabolantenne von Hirschmann

Abb. 4.1.2f
85- und 55-cm-Offset-Parabolantennen für TV-SAT von Fuba

Abb. 4.1.3 Empfangskomponenten mit Polarizer, Polarisationsweiche, LNC, Speisehorn (2 ×). Aufnahme: Hirschmann

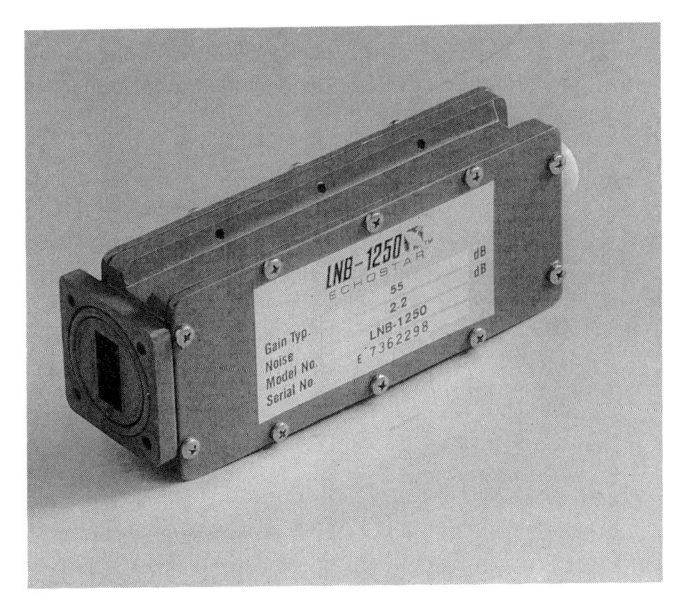

Abb. 4.1.4 Z, LNC für 12,5...12,75 GHz von DNT

Bei größeren Spiegeln sieht man meist noch einen weiteren, kleineren hyperbolischen Spiegel im Spiegel vor. Die empfangenen Wellen werden also zweimal reflektiert und noch besser gebündelt. Diese Art nennt man Cassegrain-Spiegel.

Schließlich gibt es noch die sogenannten Offsetspiegel. Dabei handelt es sich im Prinzip um eine in der Mitte abgesägte, also halbe Parabolantenne, die nicht mehr eine runde, sondern eine assymetrische Form hat. Ihr Vorteil liegt vor allem in den kleineren Abmessungen.

Die Parabolantenne erreicht bei vertretbaren Abmessungen einen wesentlich höheren Gewinn als die erwähnten Yagi-Antennen. Hat sie einen Durchmesser von zehn Wellenlängen, also 30 cm, kommt man schon auf einen Leistungsgewinn von 30 dB. Das entspricht einer Leistungserhöhung um den Faktor 1000. Nimmt man eine 1,5-m-Schüssel, und die sollte man für den Empfang von Fernmeldesatelliten schon vorsehen, so liegt der Antennengewinn bei 43 dB, also bei 20 000.

Die erforderlichen Parabolspiegeldurchmesser sind:
- für Fernmeldesatelliten mindestens 150 cm,
- für Medium-Power-Satelliten mindestens 85 cm,
- für direktempfangbare Satelliten (DBS) mindestens 55 cm.

Für das Verständnis des Verhaltens der elektromagnetischen 3-cm-Wellen eignet sich der Vergleich mit den elektroakustischen 6-cm-Wellen recht gut. 6 cm entsprechen einer Frequenz von 5000 Hz, und die befinden sich schon im Hochtonbereich. Wenn diese Frequenz von einem 18-cm-Konuslautsprecher abgestrahlt wird, dann ist die Keule, in der man von dem abgestrahlten Ton noch etwas hat, außerordentlich schmal, allerdings unter der Voraussetzung, daß der Raum, in dem man sich befindet unendlich groß ist, daß also keine diffusen Reflexionen auftreten. Deshalb sind alle diffus oder ungerichtet abstrahlenden Elemente immer wesentlich kleiner als die abgestrahlte Wellenlänge.

Infolge des Induktionsgesetzes wird fließender Wechselstrom mit steigender Frequenz nur in einer sehr dünnen Oberflächenschicht des Leiters transportiert. Man nennt diese Erscheinung Skineffekt, der übrigens auch bei niedrigen Frequenzen auftritt und der Grund dafür ist, daß der Leistungstransport über Überlandleitungen mit Hilfe außerordentlich hoher Spannungen erfolgt.

Bei Kupfer, Silber und Gold wird die Leitschichtdicke, bezogen auf die Frequenz f in Hz, mit folgender Formel berechnet:

$$s \approx 6{,}4 \cdot \sqrt{1/f} \text{ in cm}$$

Da die Verluste umgekehrt proportional zur Leitschichtdicke s sind, wird verständlich, daß die Leitfähigkeit eines koaxialen Systems – und damit haben wir es ausschließlich in der Satellitenempfangstechnik zu tun – wesentlich zur Güte beiträgt. Der Strom fließt hier nur noch in den Leiteroberflächen. Deshalb muß man auch sehr auf kurze Kontaktübergangsstellen, z. B. bei Steckverbindungen, achten.

Durch den Skineffekt sind Koaxialkabel zum Übertragen der 3-cm-Wellen nur wenig geeignet. Man verwendet stattdessen sogenannte Hohlleiter. Diese sind rechteckig und haben bei 10 GHz eine Breite von 2,54 cm und eine Höhe von 1,27 cm.

Um aber den Einsatz dieser Technik möglichst gering zu halten, werden die durch den Parabolspiegel gesammelten Wellen der eigentlichen Antenne *(Abb. 4.1.5)* zugeführt.

Die Schaltung des Konverters ist in *Abb. 4.1.6* gezeigt. Aus der englischen Bezeichnung Low Noise Converter ist schon zu entnehmen, daß es sich um einen

Abb. 4.1.5 Blick auf die Antenne des Konverters

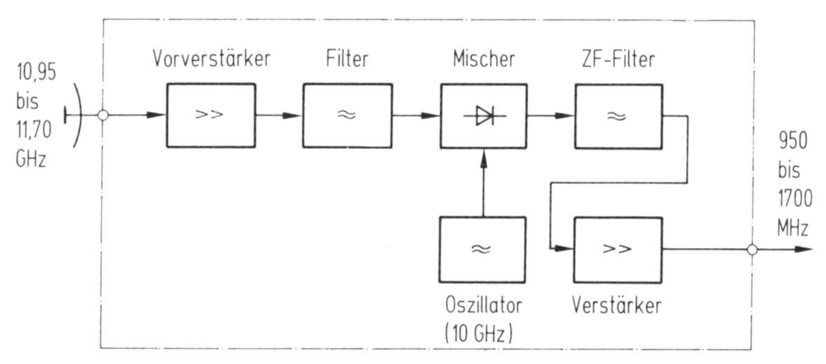

Abb. 4.1.6 Blockschaltung eines Konverters für Heimanwendungen

extrem rauscharmen Verstärker, speziell im Vorverstärkerteil, handelt. Nicht umsonst werden die Eingangsstufen in den kommerziellen Erdfunkstellen der Deutschen Bundespost extrem gekühlt, um eben das Eigenrauschen der Elektronikbauteile zu minimieren.

Solche Maßnahmen sind für kommerzielle Fernsehempfangsanlagen nicht notwendig, erst recht nicht für private. Der Vorverstärker erhöht den Pegel des empfangenen Signals um das 6fache. Dazu sind im 11-GHz-Band schon zwei Feldeffekttransistoren erforderlich. Das nachfolgende Filter legt die zu empfangenden Bandgrenzen fest und verbessert die Spiegelfrequenzselektion. Durch Mischen mit einem 10-GHz-Signal wird das Empfangssignal auf den Frequenzbereich 950...1700 MHz umgesetzt und steht nach Passieren eines ZF-Filters und einer weiteren Verstärkerstufe zur weiteren Verarbeitung im eigentlichen Satellitenempfänger zu Verfügung. Insgesamt wird das Signal im Konverter um über 50 dB verstärkt *(Abb. 4.1.7* und *4.1.8).*

Für die beiden direktempfangbaren Satelliten TV-SAT und TDF-1 bieten Hirschmann und Fuba einen Konverter aus deutschen Landen an. Die Entwicklung dieses Konverters in den Labors von Hirschmann war nicht ganz reibungslos. Das Problem war, daß man auf japanische Halbleiter angewiesen war, und die waren weder zu den Preisen noch mit der Qualität wie in Japan zu erhalten. Daher hat man bei dem

Abb. 4.1.7a Blick in das Innere des Hirschmann-Konverters für ASTRA-Empfang

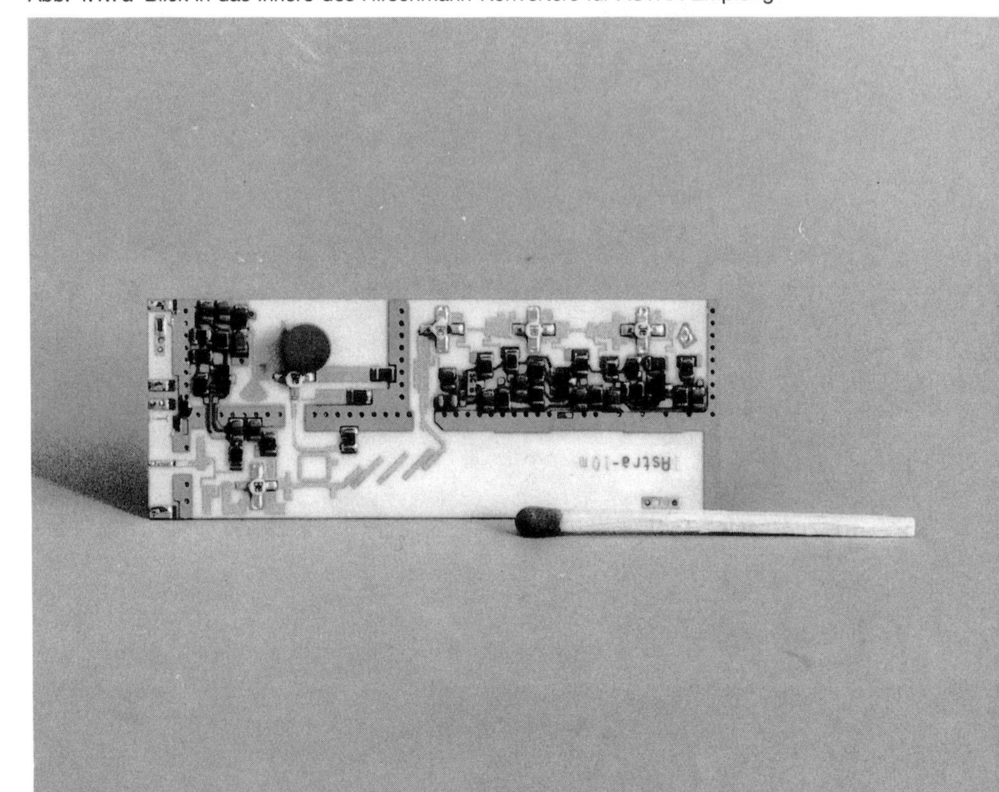

LNC (= Low Noise Converter) denn auch munter in die Trickkiste gegriffen, so zum Beispiel mit der auf den Einkoppelstift am Eingang folgenden Aufsplittung in zwei Verstärkungswege *(Abb. 4.1.8)*. Damit wird die Impedanz der Feldeffekttransistoren entscheidend verbessert, so daß man insgesamt eine bessere Eingangsanpassung erhält. Die Doppelstufe verstärkt um insgesamt 8...9 dB. Hinter diesem balancierten Verstärker werden die Signalwege wieder zusammengeführt, und es wird normal weiterverstärkt. Abgeglichen wird mit Hilfe der kleinen Flecken, die man mit Bonddrähten verbinden oder auch wieder aufkratzen kann.

Der Mischer arbeitet aktiv und verstärkt auch. Das Oszillatorsignal kommt aus der kleinen Pille. Es gelangt über einen Koppler, der es um 16 dB abschwächt, zum Mischer. Die Transistoren sind in einer solchen Schaltung nur Chips.

Auf der Rückseite der Platine (Abb. 4.1.8b) befinden sich die Stromversorgung und drei integrierte ZF-Verstärker für den Frequenzbereich von 950...1700 MHz.

Hirschmann arbeitet schon an der nächsten Satellitengeneration und ihren Konvertern. Mit dem Kopernikus wird der 20-/30-GHz-Bereich auch für die Unterhaltungselektronik erschlossen werden. Hier wird man es mit noch größeren Übertragungsdämpfungen zu tun haben.

Abb. 4.1.7b Die Rückseite des Hirschmann-Konverters

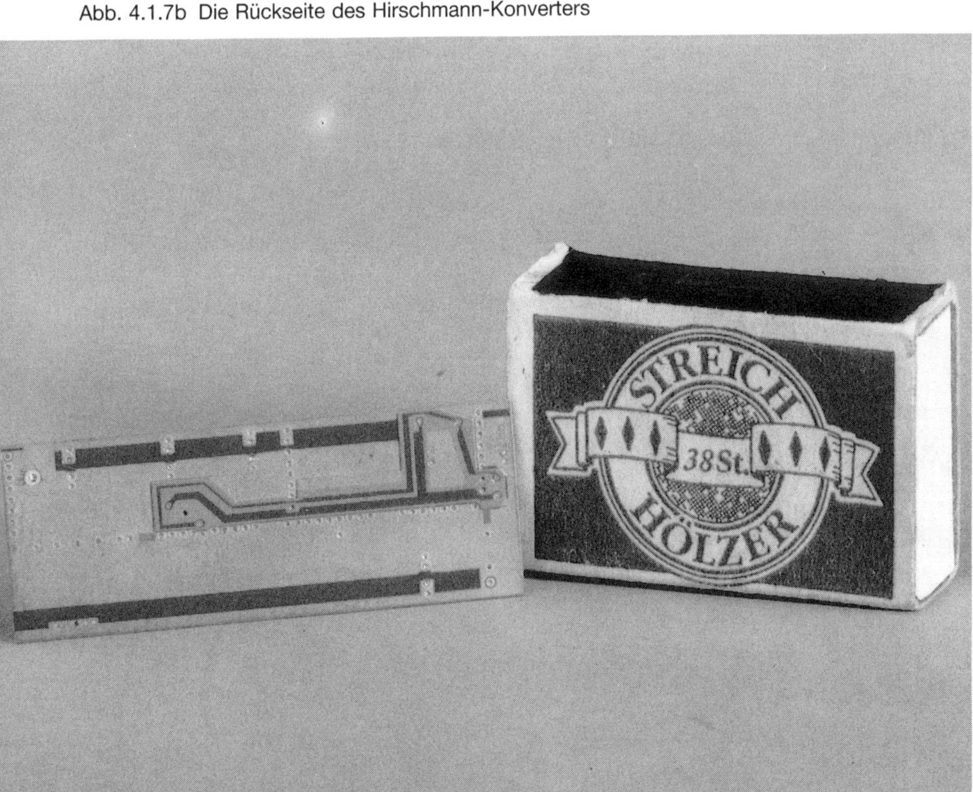

Abb. 4.1.8a Konverter für TV-SAT-Empfang mit den einzelnen Stufen (Aufnahme: Hirschmann)

Abb 4.1.8b Rückseite des TV-SAT-Koverters. Hier befindet sich hauptsächlich die Stromversorgung und die drei integrierten ZF-Verstärker (Aufnahme: Hirschmann)

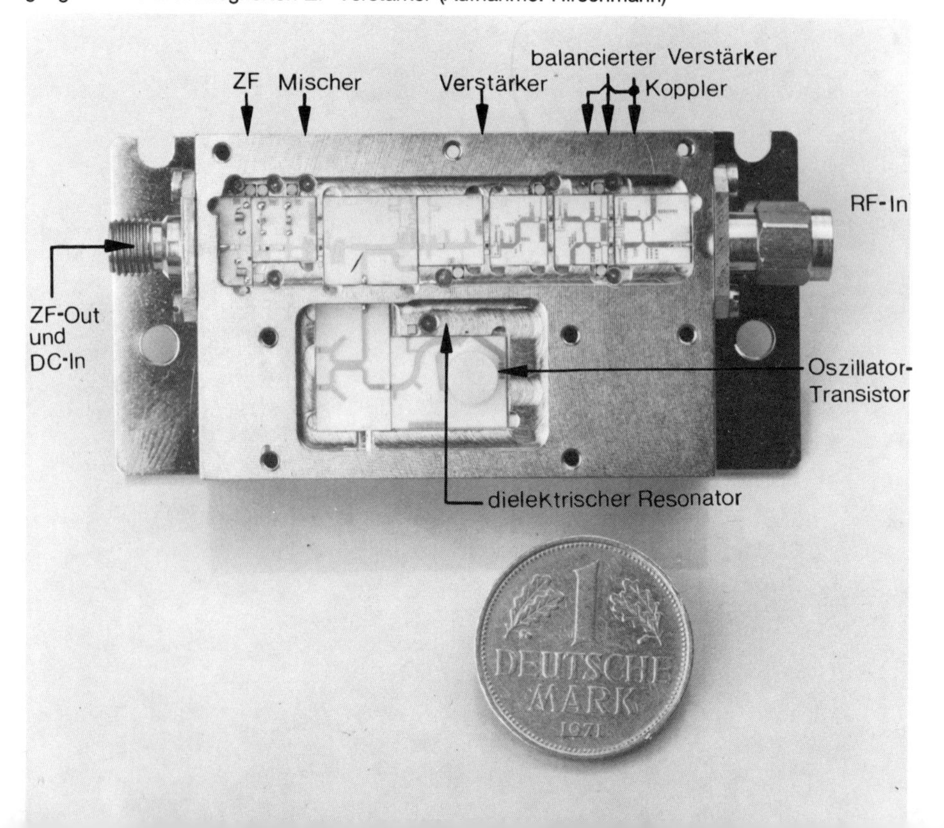

Im Meßlabor wird es schon bald Meßgeräte geben, die vor ein paar Jahren technisch kaum für möglich gehalten wurden – ebensowenig wie der Satellitenempfang von zu Hause aus.

Zum Empfang der beiden Polarisationsrichtungen gibt es mehrere Möglichkeiten. Natürlich kann man den Konverter am Parabolspiegel mit der Hand drehen. Das ist zugegebenermaßen etwas umständlich. Daher bietet eine ganze Reihe von Firmen dafür eine Fernsteuerung an, die gemeinhin mit Polarizer bezeichnet wird.

Im einfachsten Fall wird ein solcher Polarizer, der im Grunde nur aus einem Motor besteht und der den Konverter um 90° und wieder zurückdrehen kann, per Knopfdruck betätigt. Einen entsprechenden Satellitenempfänger vorausgesetzt, kann die Wahl der Polarisationsrichtung aber auch automatisch geschehen, indem man sie in den Empfänger einprogrammiert und über ein geeignetes Zusatzgerät den Polarizer steuert. Der Polarizer *(Abb. 4.1.9)* wird zwischen Hohlleiter-Ausgang des Feedsystems und den Hohlleiter-Eingang des eigentlichen Konverters montiert (Feed = Speisehorn). Bei dieser Ausführung ergibt sich für den Fernsehteilnehmer kein zusätzlicher Bedienungsaufwand, denn hier wird die Polarizer-Kontrolleinheit tatsächlich zwischen Satellitenempfänger und Fernsteuerkabel zum Konverter geschaltet, oder sie ist in den Satellitenempfänger eingebaut.

Die Polarisationsrichtungsnachführung ist die preiswerteste Art, die beiden Polarisationsebenen zu empfangen. Sie eignet sich allerdings ausschließlich für absolute Einzelempfangsanlagen.

Abb. 4.1.9 Polarizer zum Drehen des Empfangssignals in die gewünschte Polarisationsrichtung

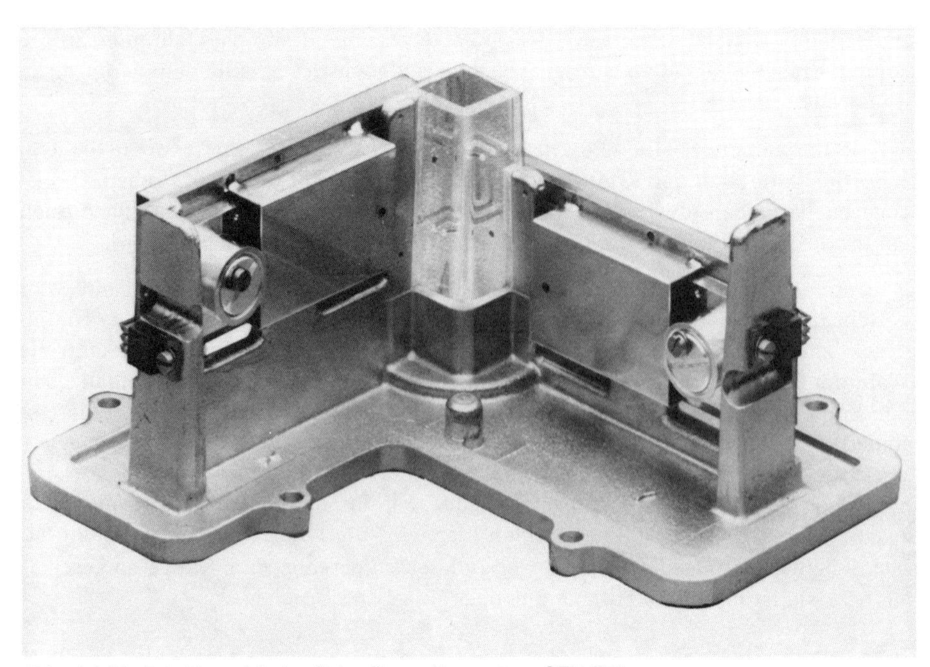

Abb. 4.1.10 Schnittmodell des Fuba-Doppelkonverters OEK 871

Abb. 4.1.11 Parabolspiegel mit Doppelkonverter von Fuba

Will man beide Polarisationsrichtungen gleichzeitig empfangen, benötigt man einen zweiten Konverter. Die beiden Konverter erhalten das Empfangssignal über eine sogenannte Polarisationsweiche. In der elegantesten Form wird die Polarisationsweiche gleich mit den beiden Konvertern zu einem kompletten Anlagenteil kombiniert, so wie das die Firma Fuba gemacht hat. Dieser Doppelkonverter heißt OEK 865. Wie die Weiche konstruiert ist, zeigt das Schnittmodell in *Abb. 4.1.10*. In *Abb. 4.1.11* ist das komplette Bauteil, auch mit den beiden Antennenkabeln, gut zu erkennen.

Den höchsten erreichbaren Komfort in Einzelempfangsanlagen erhält man im Gegensatz zur Mehrempfangsanlage, wo zum Empfang verschiedener Satelliten mehrere Antennen eingesetzt werden, mittels eines Antennenrotors, der den Parabolspiegel auf den gewünschten Satelliten ausrichtet. Solche Rotoren haben mittlerweile alle Firmen im Programm.

Typische Beispiele dafür sind der OP 12 der Firma Wisi und der Polarmount von DNT, die in den *Abb. 4.1.12 und 13* gezeigt sind. Auch die Nachführung auf die einzelnen Satelliten kann nun vollautomatisch, im voraus entsprechend auf die einzelnen Programme programmiert, erfolgen.

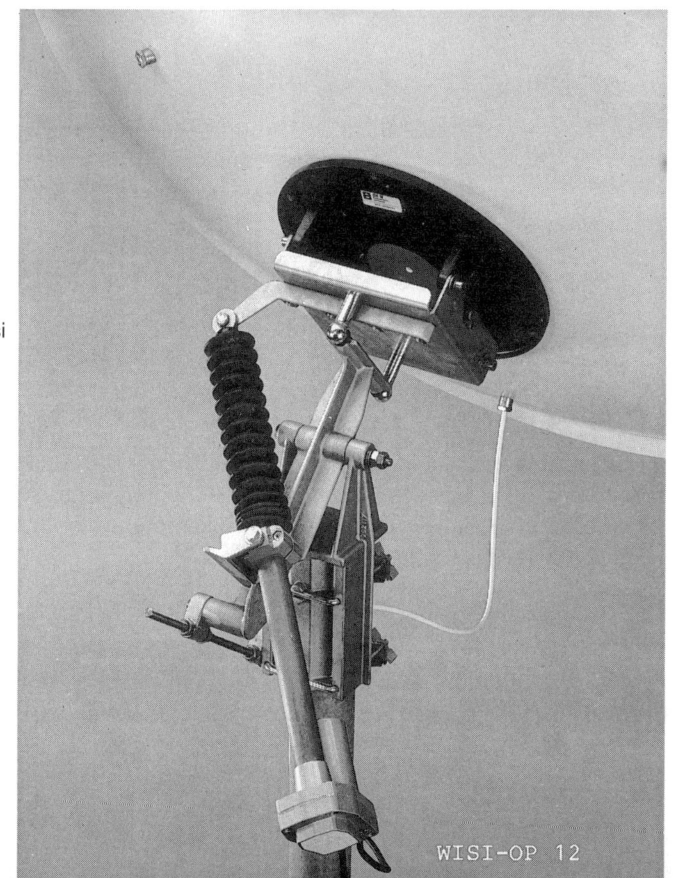

Abb. 4.1.12 Drehbare Parabolantenne von Wisi

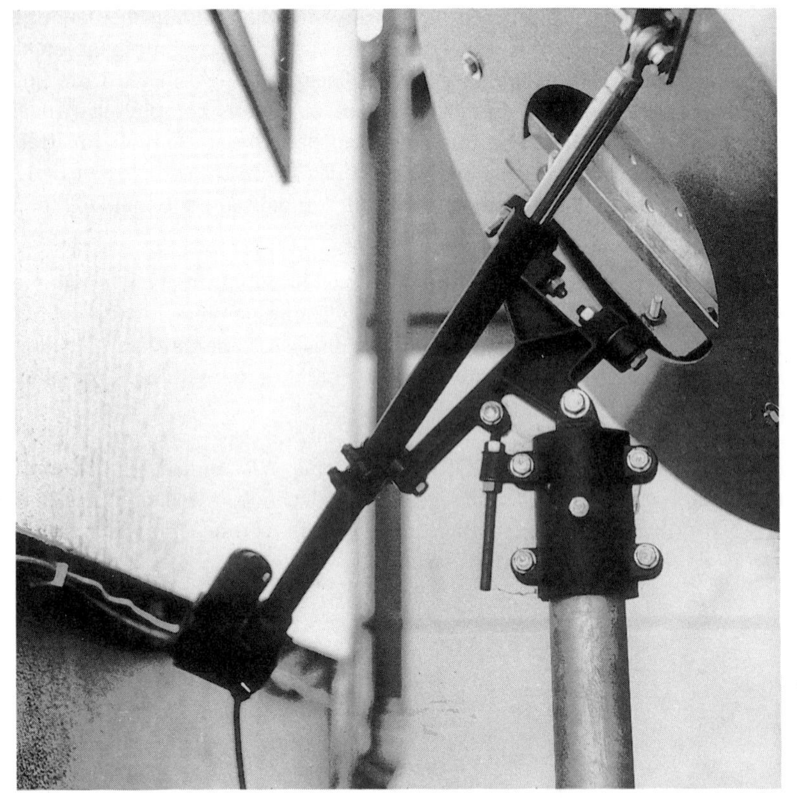

Abb. 4.1.13 Polarmount mit Hubmotor von dnt

4.2 Satellitenempfänger

In der Satellitenempfangstechnik werden Stückzahlen, wie man sie von Fernseh- oder Rundfunkgeräten her kennt, in den nächsten Jahren kaum zu erreichen sein. Die Industrie ist daher bemüht, für den professionellen wie auch für den Heimgebrauch mit ähnlichen Schaltungslösungen auszukommen, zumindest aber so weit wie möglich Standardbauteile einsetzen zu können.

Eine typische Schaltung für das Eingangsteil eines Satellitenempfängers zeigt *Abb. 4.2.1*. Der Kanalwähler erhält die erste ZF vom Konverter (LNC). Er selbst besteht aus Verstärker, Oszillator und Mischer. Es folgt ein selektiver Verstärker und dann eine Verzweigung in Verstärkungsregelung (AGC) einerseits und Demodulator anderer-

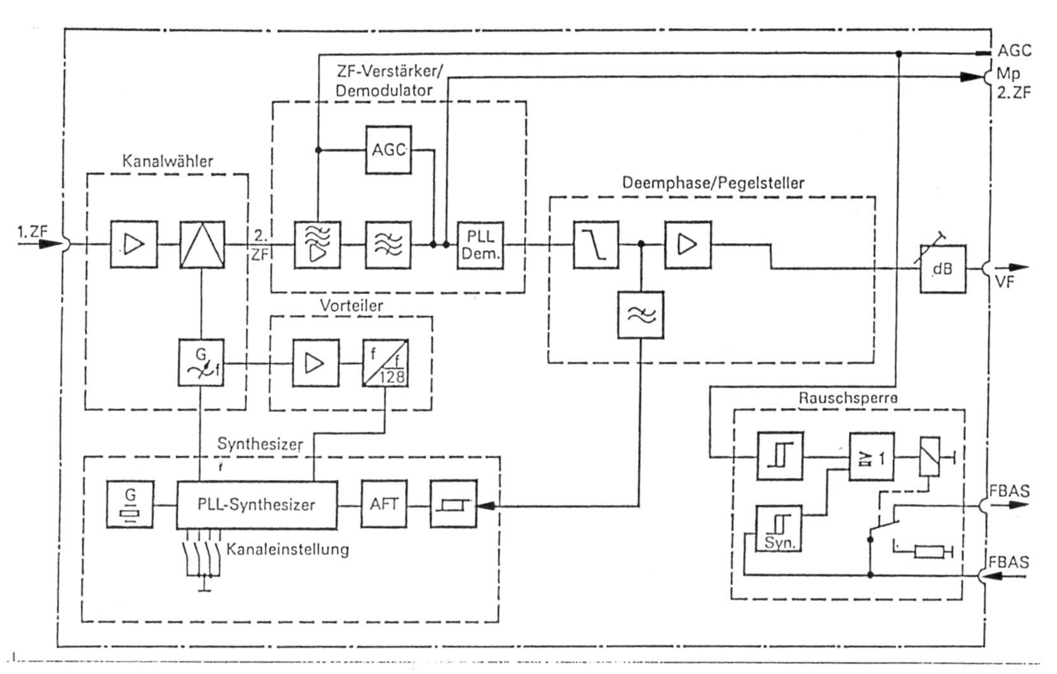

Abb. 4.2.1 Eingangsteil eines Satellitenempfängers (Quelle: Blaupunkt)

seits. Hinter dem Demodulator wird das Signal der Deemphasisschaltung zugeführt. Nach der Pegelanpassung folgen konventionelle Schaltungen für die Weiterverarbeitung der Bild- und Tonsignale.

Somit gleicht die Schaltung weitgehend derjenigen normaler Farbfernsehgeräte. Die Besonderheiten liegen insbesondere in der höheren Eingangsfrequenz und

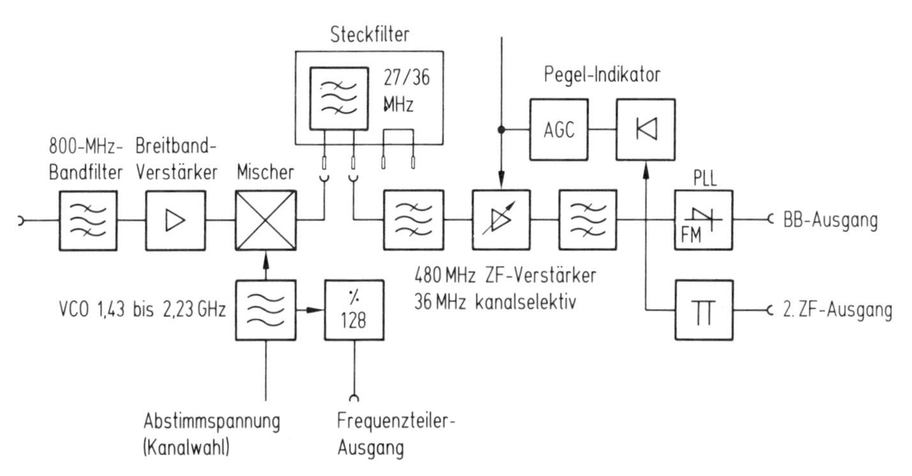

Abb. 4.2.2 Blockschaltbild eines Satellitenempfänger-Tuners in professionellen Anlagen (Quelle: Blaupunkt)

Konzepten für die 2. ZF, den Kanalwähler, den Demodulator und das Abstimmsystem.

Durch die unterschiedlichen Anforderungen an die Tuner für professionelle und Heimanlagen unterscheiden sich diese Schaltungsteile ganz erheblich voneinander. *Abb. 4.2.2* zeigt das Blockschaltbild eines Tuners für den Empfang von Fernmeldesatelliten in professionellen Anlagen, wie z. B. Kopfstationen der Breitbandkommunikationsnetze.

Die Eingangsstufe besteht aus einem 800 MHz breiten Bandfilter und einem breitbandigen Vorverstärker. Die 2. ZF ist mit 480 MHz sehr hoch gelegt. Dadurch werden Spiegelwellenprobleme vermieden. Der Mischer arbeitet mit Schottky-Dioden (Ringmischer). Der VCO, der übrigens nur aus zwei Halbleiterbauelementen besteht, überstreicht den 800 MHz breiten Durchstimmbereich und schwankt dabei in der Leistungsabgabe kaum.

Über eine zweistufige Teilerkette wird ein im Verhältnis 1 : 128 heruntergeteiltes Signal dieses Oszillators an einen Ausgang geführt, so daß die Ankopplung eines Frequenz-Synthese-Abstimmsystems möglich ist. Die 2. ZF wird über ein externes Steckfilter geführt, das eine Bandbegrenzung vor der Demodulation durchführt, die zu der im Modul bereits vorhandenen Kanalselektion noch hinzukommt. Das Filter ist für zwei Steckpositionen ausgelegt, so daß die wirksame Kanalbandbreite entweder dem Empfang von Fernmeldesatelliten (36 MHz) oder von Rundfunksatelliten (27 MHz) angepaßt werden kann. Die Kanalselektion erfolgt ausschließlich in der selektiven Verstärkerkette zwischen Mischer und Demodulator.

Abb. 4.2.3 zeigt das Blockschaltbild einer Tunerbaugruppe für private Gemeinschaftsantennenanlagen und Heimempfänger. Wie man sieht, gibt es zu Abb. 4.2.2 einige Abweichungen. Zunächst fallen die zwei umschaltbaren Eingänge auf, die die jeweiligen LNC-Signale für die vertikale und die horizontale Polarisation verarbei-

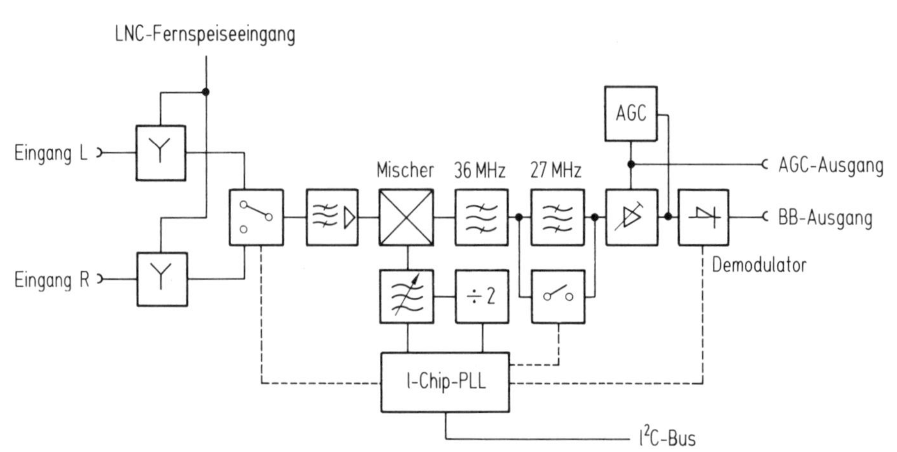

Abb. 4.2.3 Blockschaltbild einer Tunerbaugruppe für Heimanlagen (Quelle: Blaupunkt)

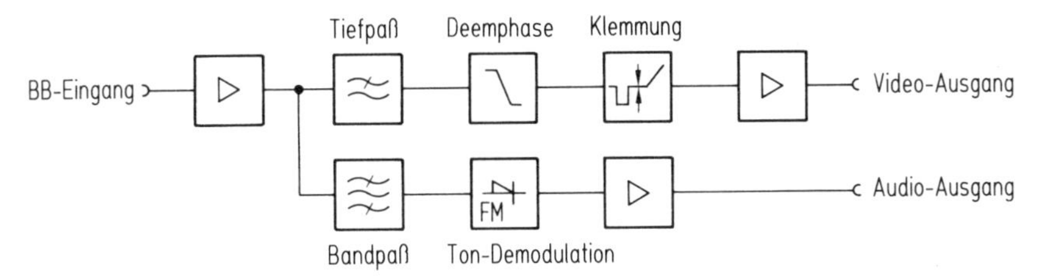

Abb. 4.2.4 Basisbandverarbeitung, Abzweigung des Unterträgers und Demodulation bei konventioneller Signalübertragung (Quelle: Blaupunkt)

ten. Bandfilter und Breitbandverstärker erkennen wir wieder aus der professionellen Lösung. Der Ringmischer ist durch einen preiswerten Schottky-Dioden-Gegentaktmischer ersetzt. Die ZF-Bandbreite wird elektronisch umgeschaltet.

Nicht mehr so aufwendig ist die AGC, weil ein Quadratur-Demodulator-Konzept eingesetzt wird. Zum Abstimmen des Oszillators dient hier ein Ein-Chip-Synthesizer, der über den I^2-Bus programmiert – im Gegensatz zum externen PLL-System von Abb. 4.2.2. Dieser Bus liefert auch die Informationen für die Eingangs- und Bandbreitenumschaltung.

In dieser Form eignet sich der Tuner für den Empfang von Fernmeldesatelliten. Für Rundfunksatelliten (DBS) genügt eine Ausführung mit einer fest eingestellten Bandbreite von 27 MHz.

Die Bild- und Tonsignale werden in Europa hauptsächlich in PAL und Secam bzw. auf frequenzmodulierten Unterträgern übertragen. Vom Basisband, das der Demodulator liefert, werden mit Hilfe eines Bandpasses die Unterträger abgezweigt *(Abb. 4.2.4)* und demoduliert. Man erhält so einen oder mehrere Tonkanäle. Diese Schaltungen werden deshalb so aufwendig, weil die NF bei Fernmeldesatelliten mit unterschiedlichen Frequenzen der Unterträger, unterschiedlichen Hüben und unterschiedlichen Deemphasen übertragen werden.

Die Videoverarbeitung beschränkt sich auf einen Tiefpaß, ein Deemphasis-Glied, eine Klemmschaltung und einen Verstärker. Für eine mögliche Übertragung in D2-MAC bei den Rundfunksatelliten TV-SAT 1 und TDF1 werden die Signale in entsprechenden Schaltungen decodiert.

Abb. 4.2.5a zeigt die Schaltung eines handelsüblichen Satellitenempfängers für Heimanwendungen. Das Gerät mit der Typenbezeichnung SRV 1150 von Nokia Graetz speichert 32 verschiedene Programme. Im Tunerteil, der die vom Konverter kommende 1. ZF im Bereich von 950...1750 MHz zunächst in einem zweistufigen Breitbandverstärker verstärkt, sorgt ein sogenanntes durch Kapazitätsdioden abgestimmtes Trackingfilter für die Kanalselektion. Die Mischstufe bildet ein Dual-Gate-MOSFET. Der Oszillator arbeitet mit 1084...1884 MHz oberhalb der Eingangsfrequenzen und liefert eine 2. ZF von 134 MHz.

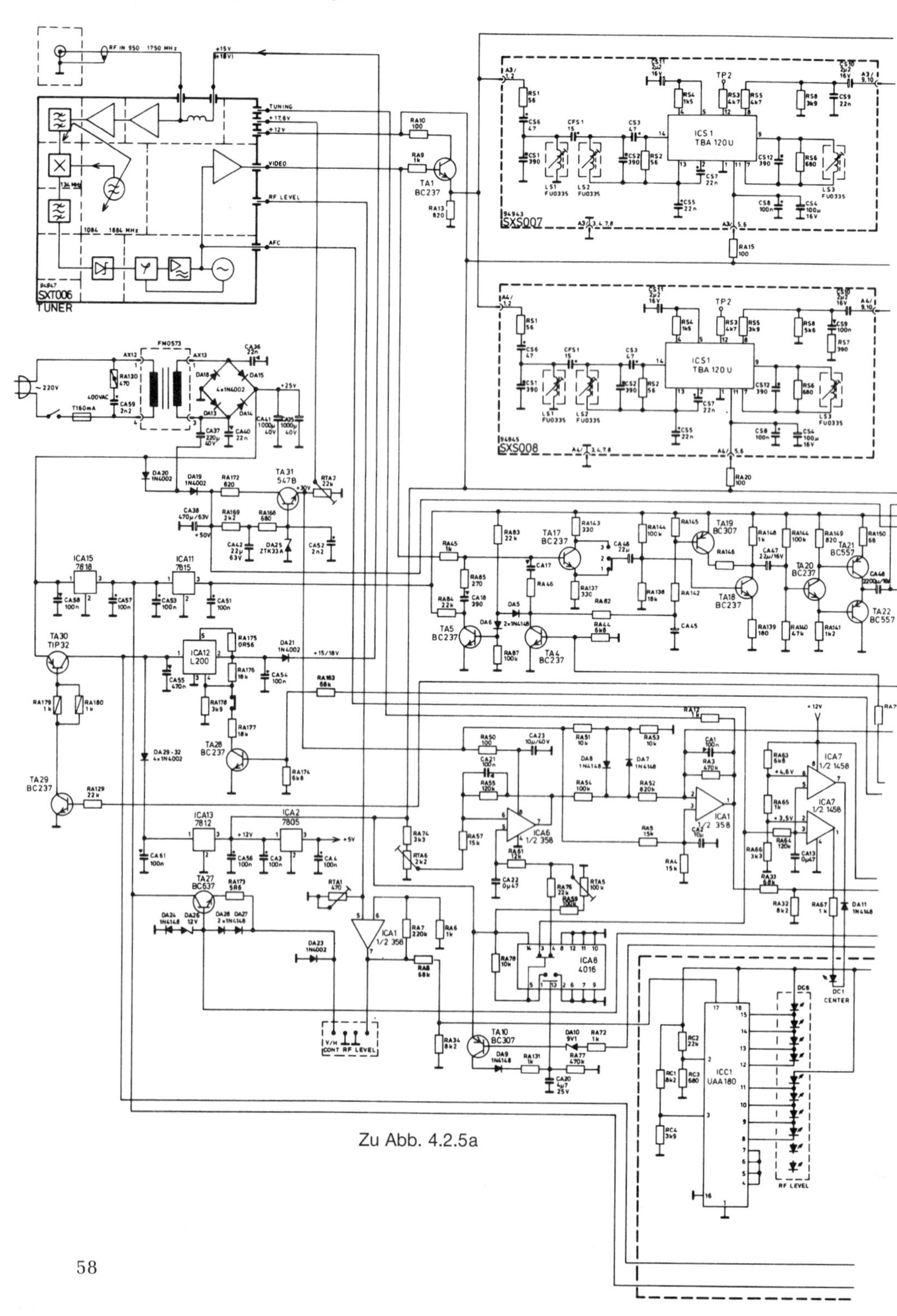

Zu Abb. 4.2.5a

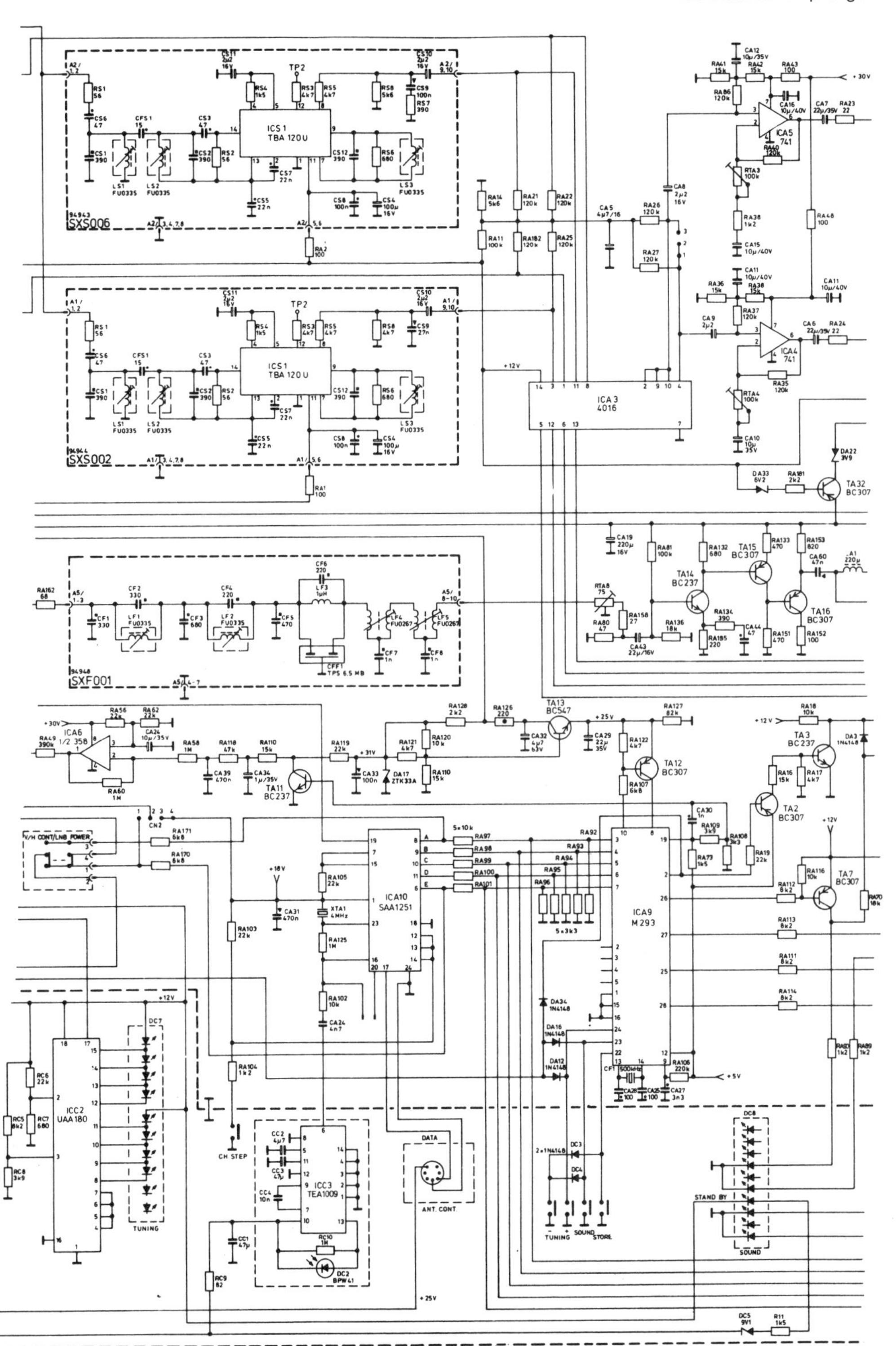
SXS006
SXS002
SXF001
ICS1
TBA 120U
TP2
ICA3
4016
ICA5
741
ICA4
741
TA32
BC307
TA15
BC307
TA14
BC237
TA16
BC307
TA13
BC547
TA12
BC307
TA11
BC237
ICA6
1/2 358
TA3
BC237
TA2
BC307
TA7
BC307
ICA10
SAA1251
ICA9
M293
ICC2
UAA180
ICC3
TEA1009
DC7
TUNING
CH STEP
DATA
ANT. CONT.
V/H CONT/LNB POWER
CN2
DC8
STAND BY
SOUND
TUNING
STORE
+30V
+25V
+12V
+18V
+31V
+5V

Zu Abb. 4.2.5a

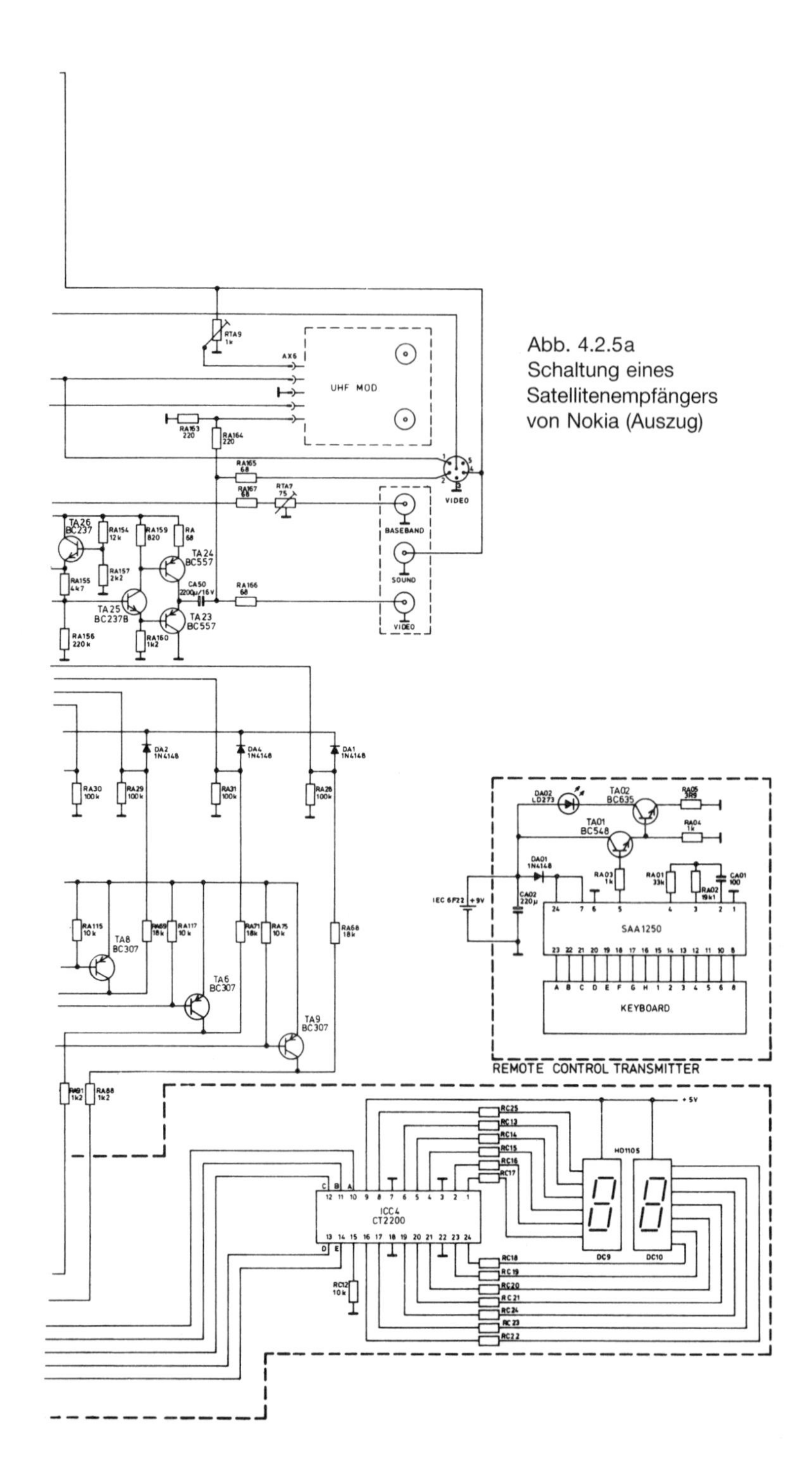

Abb. 4.2.5a
Schaltung eines Satellitenempfängers von Nokia (Auszug)

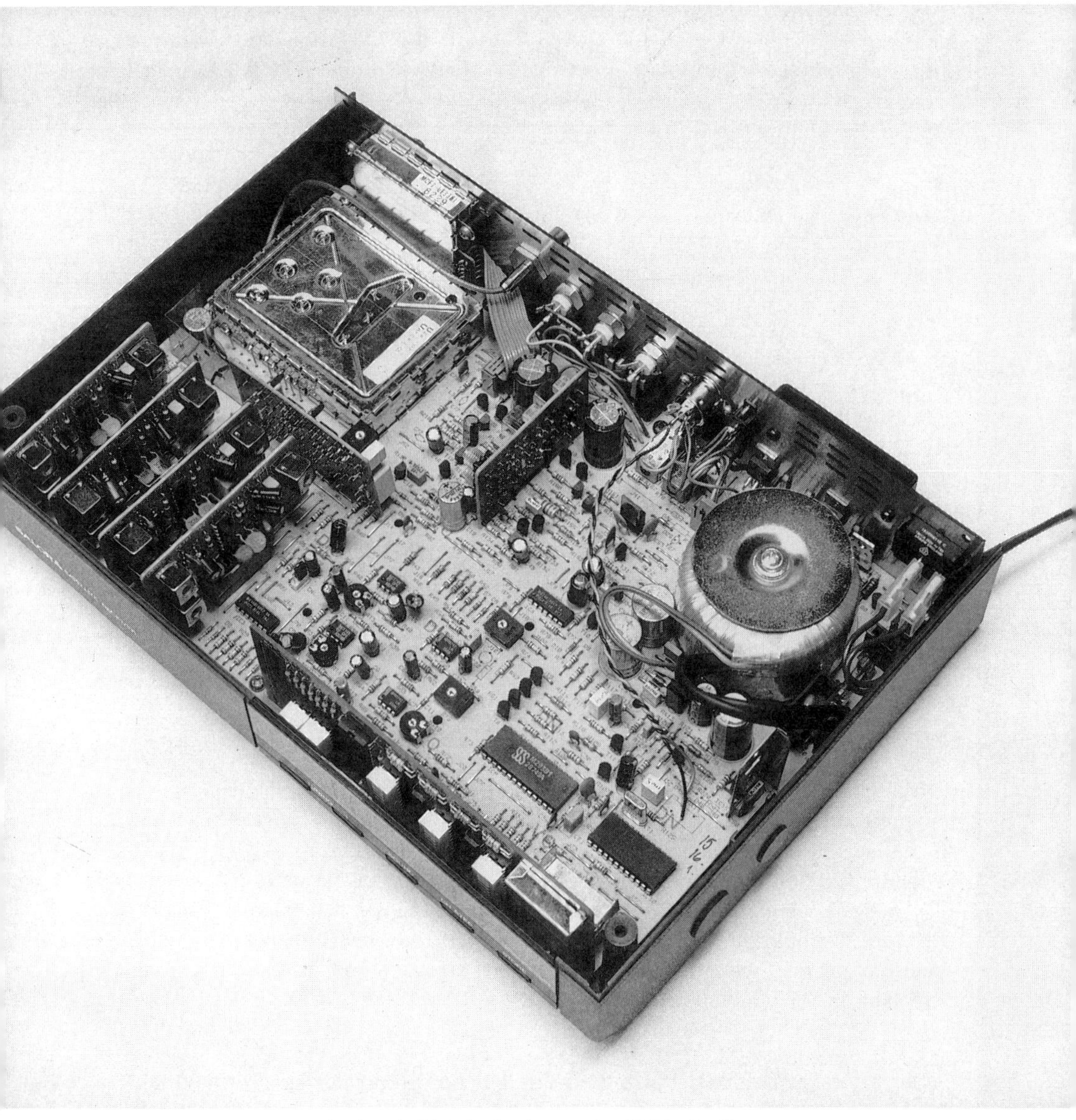

Abb. 4.2.5b Blick in das Innere des Nokia-Gerätes

Auf ein ZF-Filter mit einer Bandbreite von 32 MHz folgt eine Verstärker- und Begrenzerstufe und schließlich ein phasengeregelter PLL-Demodulator. Gegenüber einem konventionellen Videodemodulator liegt die erreichbare FM-Schwelle um 2...3 dB besser. Bei Vorhandensein eines Tonsubträgers, ist dieser dem Videosignal beigegeben.

Das demodulierte Videosignal geht vom Tuner in den Videoverstärker zum Deemphasiskreis, bestehend aus RA45, RA85, CA18 und TA5. Ein zweiter Deemphasiskreis kann auf der Grundplatine durch CA 17, RA46 und RA79 (68 k) aufgebaut werden. Durch Kurzschließen der Stifte 1 und 2 von CN2 kann die Deemphasis über die Fernbedienung gewählt werden.

Die Verstärkung des Basisbandverstärkers läßt sich durch Hinzufügen der Komponenten RA79 (68 k), RA82, CA45, RA142, RA145 und RA146 ändern. RA146 bestimmt die Verstärkungsänderung. Auch sie kann über die Fernbedienung gewählt werden.

Auf das Basisband folgt das Videotiefpaßfilter SXF, das den Tonhilfsträger ausfiltert. Die Dämpfung ist typisch größer als 25 dB für Frequenzen über 6,5 MHz. Mit RTA7 wird der Videoausgangspegel eingestellt. TA 14 arbeitet als Verstärker und TA15/16 als Inverter und Impedanzwandler. Mit TA26 wird die Pegelklemmung vorgenommen. TA23, TA24 und TA25 bilden die niederohmige Ausgangsstufe.

Der zum Videosignal hinzugefügte Tonhilfsträger gelangt über das Bandfilter zum Tondemodulatorkreis ICS1 (Moduln SXS002, -006, -007, -008). Am Ausgang des Demodulators (Stift 8) liegen die für die Ton-Deemphasis erforderlichen Komponenten RS5, RS8 (RS7), CS5. ICA5 arbeitet als NF-Verstärker. Der Tonausgangspegel wird mit dem Potentiometer RTA3 eingestellt.

Die Schaltung des Eingangsteils (= Tuner) eines Satellitenempfängers für Einzelempfang, in Abb. 4.2.5 nur als Blockschaltbild dargestellt, zeigt *Abb. 4.2.6*. Im Grundig STR 201 plus wurde dafür ein PLL-abgestimmtes Konzept mit GaAs-Vorstufe (CF 300) vorgesehen. Rauscharmut des Eingangs ist wünschenswert, weil das Ausgangssignal des LNCs durch Kabeldämpfung bei den Frequenzen um 1,75 GHz doch relativ stark abgesenkt wird. 47 dBµV bei S/N-Einbußen unterhalb der Wahrnehmbarkeit werden erreicht. Nach der Vorstufe wird das Signal in der Mischstufe auf die ZF von 480 MHz umgesetzt.

Der Mischoszillator ist PLL-gesteuert. Sein Signal gelangt zur Vermeidung von Rückwirkungen über die Trennstufe BFR 92 A zum Mischer. Die gebildete ZF wird mit diskreten Selektionsmitteln gefiltert und über zwei Stufen (jeweils BF 998) verstärkt.

Die ZF-Bandbreite ist umschaltbar. Bei einem bescheidenen Signal-/Rauschverhältnis des Konvertersignals ist somit eine Rauschverbesserung möglich, die in der schmalen ZF-Stellung mit Störungen in den (seltener auftretenden) stark gesättigten Farben erkauft wird.

Der Koinzidenz-Demodulator-Baustein SL 1452 (Plessey) demoduliert das frequenzmodulierte ZF-Signal in das Basisband. In Anbetracht der hohen Frequenz des Oszillators des LNCs ist es naheliegend, daß nicht akzeptable Frequenzdriften bei den konvertierten Signalen auftreten. Aus diesem Grund wird in der Steuer-PLL-Schaltung die Frequenzteilervorgabe für den Oszillator der Umsetzung auf 480 MHz so lange korrigiert, bis die mittlere Pegellage aus dem FM-Demodulator erreicht wird (J-Regelung).

Zu erwähnen ist auch die Signalquellenumschaltung mit PIN-Dioden. Sie dient bei Parallelableitung von vertikalen und horizontalen Polarisationssignalen (R/L bei zirkular) zur Anwahl des gewünschten Eingangssignals.

Für die Bildsignal-Weiterverarbeitung wird das Basisbandsignal nach Passieren einer von der Hubeinstellung gesteuerten Verstärkerstufe auf Standardpegel gebracht. Das resultierende FBAS-Signal (PAL oder SECAM) gelangt über drei Pufferstufen zum UHF-Modulator, zur Euro-AV-Buchse und zur DIN-AV-Buchse.

Im Tonteil des Empfängers wird das Basisbandsignal mittels eines PLL-gesteuerten Mischoszillators auf 10,7 MHz umgesetzt und der Ton-ZF-Karte zugeführt. Der IC 300 ist die eigentliche PLL. Mit ihr kann der Tonbereich von 5...8,5 MHz in 10-kHz-Schritten durchgestimmt werden. Das Gerät eignet sich zum Empfang folgender Tonträgerfrequenzkombinationen:

- nur den Hauptträger,
- Hauptträger und bis zu fünf Unterträger für verschiedene Sprachen,
- Hauptträger Mono, zwei Unterträger Links- und Rechts-NF-Information.

Der Hauptträger mit dem großen Hub wird über das Keramikfilter Q 2206 dem IC 2270 zugeführt, der als Begrenzungsverstärker und Koinzidenzdemodulator arbeitet. An seinem Ausgang liegen die Deemphasen 62 µs und J17.

Der Tonhilfsträger mit dem kleinen Hub wird in IC 2210 weiterverarbeitet. Das durch den Begrenzungsverstärker und Koinzidenzdemodulator gewonnene NF-Signal wird über Pin 4 der nachfolgenden Deemphasis zugeführt.

Der Stereo-Tonträger rechts, der im Basisband um 180 kHz über dem Stereo-Tonträger links liegt, erscheint in der umgesetzten Frequenzlage um den gleichen Betrag tiefer auf 10,52 MHz. Auch dieses Signal wird im IC 2210 zu einem NF-Signal demoduliert und gelangt wie das Links-Signal zum IC 2250, der als Rauschunterdrückungssystem (DNR) arbeitet. Ein variables Tiefpaßfilter sorgt für einen veränderten Frequenzgang bei schwachen Eingangssignalen (Höhenabsenkung).

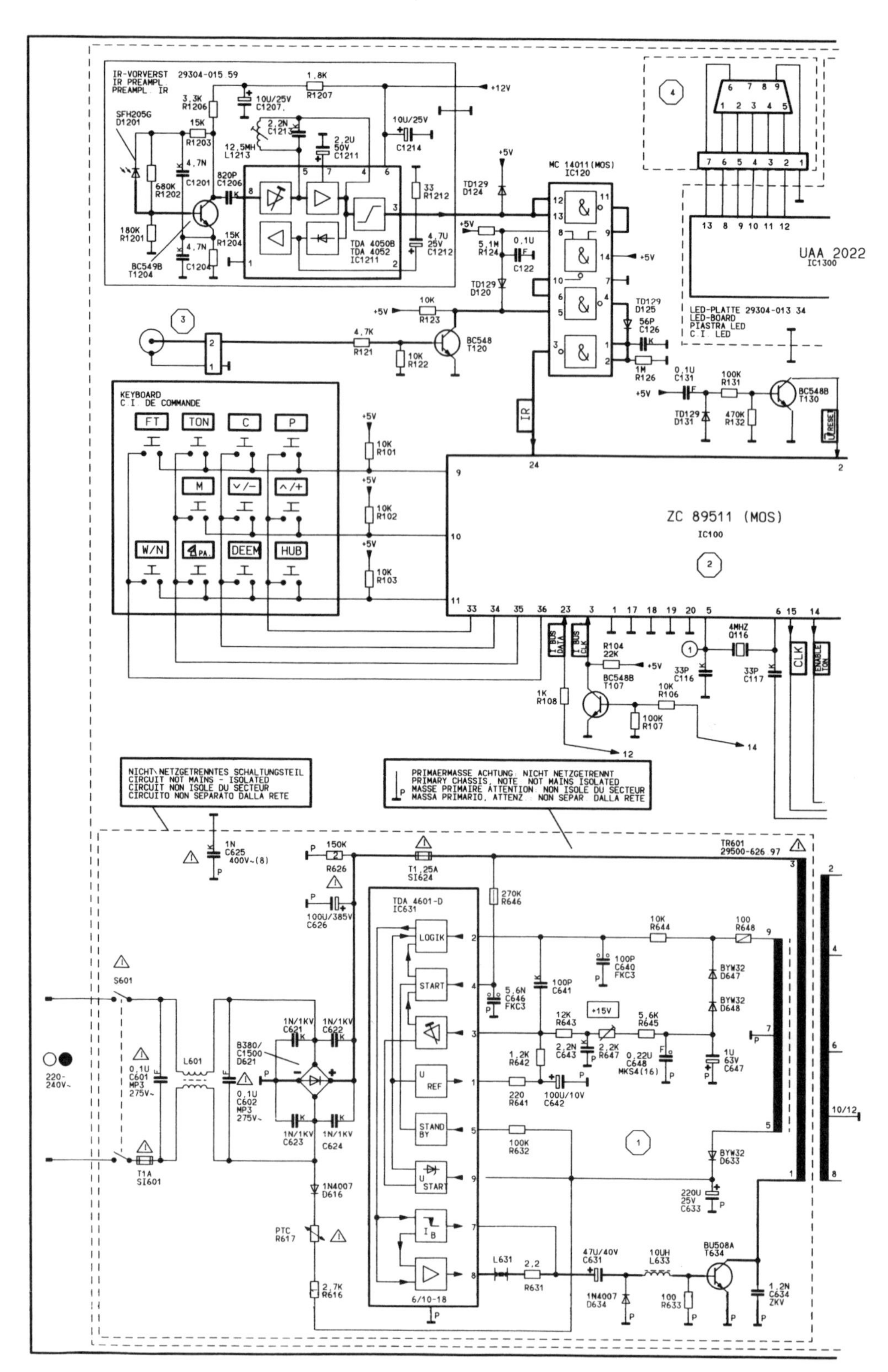

IR-VORVERST 29304-015 59
IR PREAMPL.
PREAMPL. IR
SFH205G
D1201
BC549B
T1204
TDA 4050B
TDA 4052
IC1211
MC 14011(MOS)
IC120
UAA 2022
IC1300
LED-PLATTE 29304-013 34
LED-BOARD
PIASTRA LED
C.I. LED
BC548
T120
BC548B
T130
RESET
KEYBOARD
C.I. DE COMMANDE
FT
TON
C
P
M
W/N
DEEM
HUB
ZC 89511 (MOS)
IC100
I BUS DATA
I BUS CLK
4MHZ
Q116
CLK
ENABLE TON
BC548B
T107
NICHT NETZGETRENNTES SCHALTUNGSTEIL
CIRCUIT NOT MAINS - ISOLATED
CIRCUIT NON ISOLE DU SECTEUR
CIRCUITO NON SEPARATO DALLA RETE
PRIMAERMASSE ACHTUNG: NICHT NETZGETRENNT
PRIMARY CHASSIS, NOTE: NOT MAINS ISOLATED
MASSE PRIMAIRE ATTENTION: NON ISOLE DU SECTEUR
MASSA PRIMARIO, ATTENZ.: NON SEPAR. DALLA RETE
TR601
29500-626 97
TDA 4601-D
IC631
LOGIK
START
U REF
STAND BY
U START
220-
240V~
S601
L601
B380/
C1500
D621
PTC
R617
BU508A
T634

Zu Abb. 4.2.6

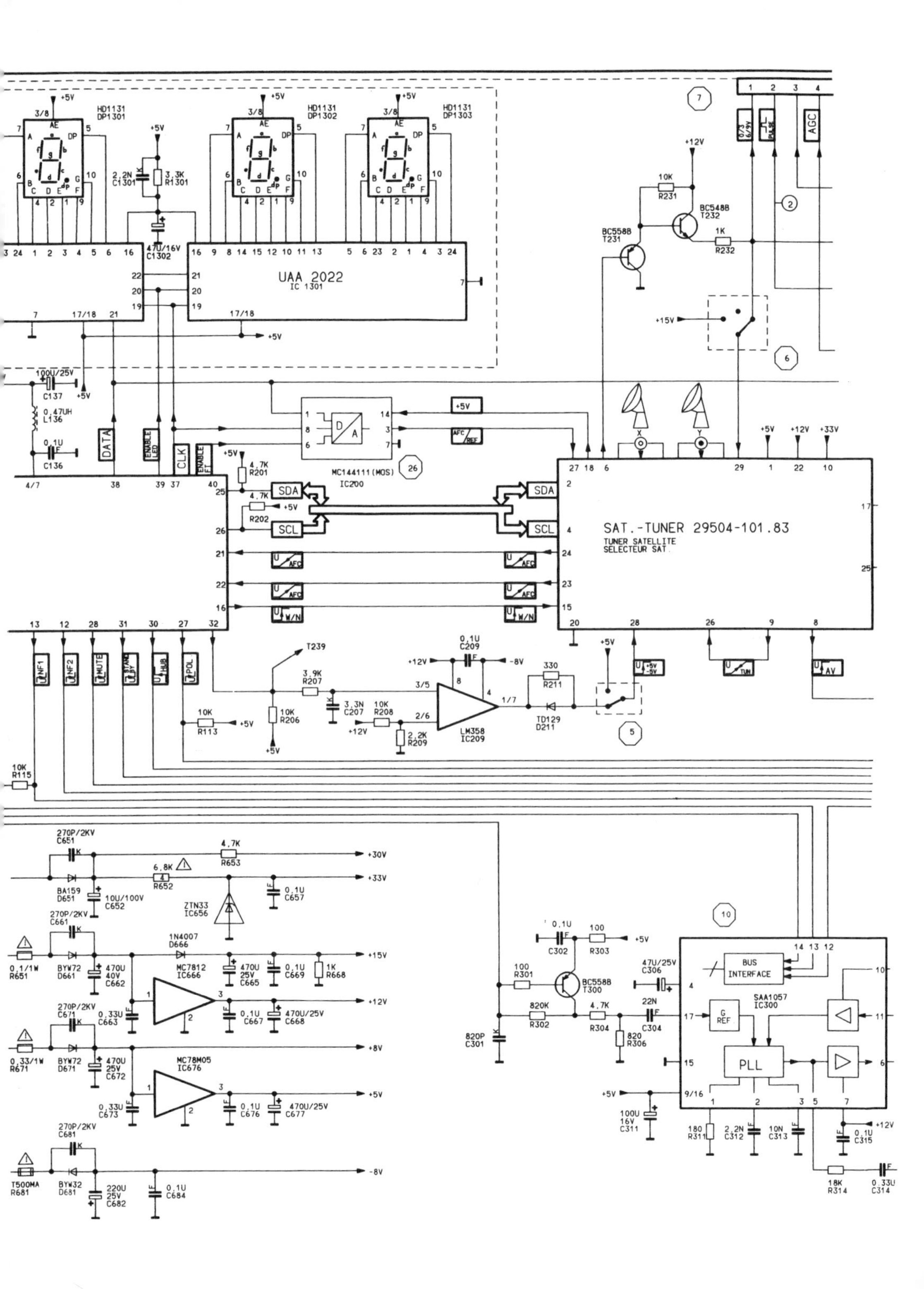

HD1131
DP1301
HD1131
DP1302
HD1131
DP1303
+5V
2,2N
C1301
3,3K
R1301
470U/16V
C1302
UAA 2022
IC 1301
100U/25V
C137
0,47UH
L136
0,1U
C136
DATA
ENABLE LED
CLK
ENABLE FT
MC144111(MOS)
IC200
D
A
+5V
AFC REF
SDA
SCL
4,7K
R201
4,7K
R202
U AFC
U W/N
BC558B
T231
BC548B
T232
10K
R231
1K
R232
+12V
+15V
AGC
SAT.-TUNER 29504-101.83
TUNER SATELLITE
SÉLECTEUR SAT.
X
Y
+33V
U NF1
U NF2
U MUTE
U STAND BY
U HUB
U POL
T239
3,9K
R207
10K
R206
10K
R113
10K
R115
3,3N
C207
10K
R208
2,2K
R209
0,1U
C209
LM358
IC209
-8V
330
R211
TD129
D211
U +5V -5V
U TUN
U AV
270P/2KV
C651
BA159
D651
10U/100V
C652
4,7K
R653
6,8K
R652
ZTN33
IC656
0,1U
C657
+30V
270P/2KV
C661
0,1/1W
R651
BYW72
D661
470U
40V
C662
1N4007
D666
MC7812
IC666
470U
25V
C665
0,1U
C669
1K
R668
270P/2KV
C671
0,33U
C663
0,1U
C667
470U/25V
C668
0,33/1W
R671
BYW72
D671
470U
25V
C672
MC78M05
IC676
0,33U
C673
0,1U
C676
470U/25V
C677
+8V
270P/2KV
C681
T500MA
R681
BYW32
D681
220U
25V
C682
0,1U
C684
0,1U
C302
100
R303
100
R301
BC558B
T300
820K
R302
4,7K
R304
820P
C301
47U/25V
C306
22N
C304
820
R306
100U
16V
C311
BUS INTERFACE
SAA1057
IC300
G REF
PLL
180
R311
2,2N
C312
10N
C313
0,1U
C315
18K
R314
0,33U
C314

Zu Abb. 4.2.6

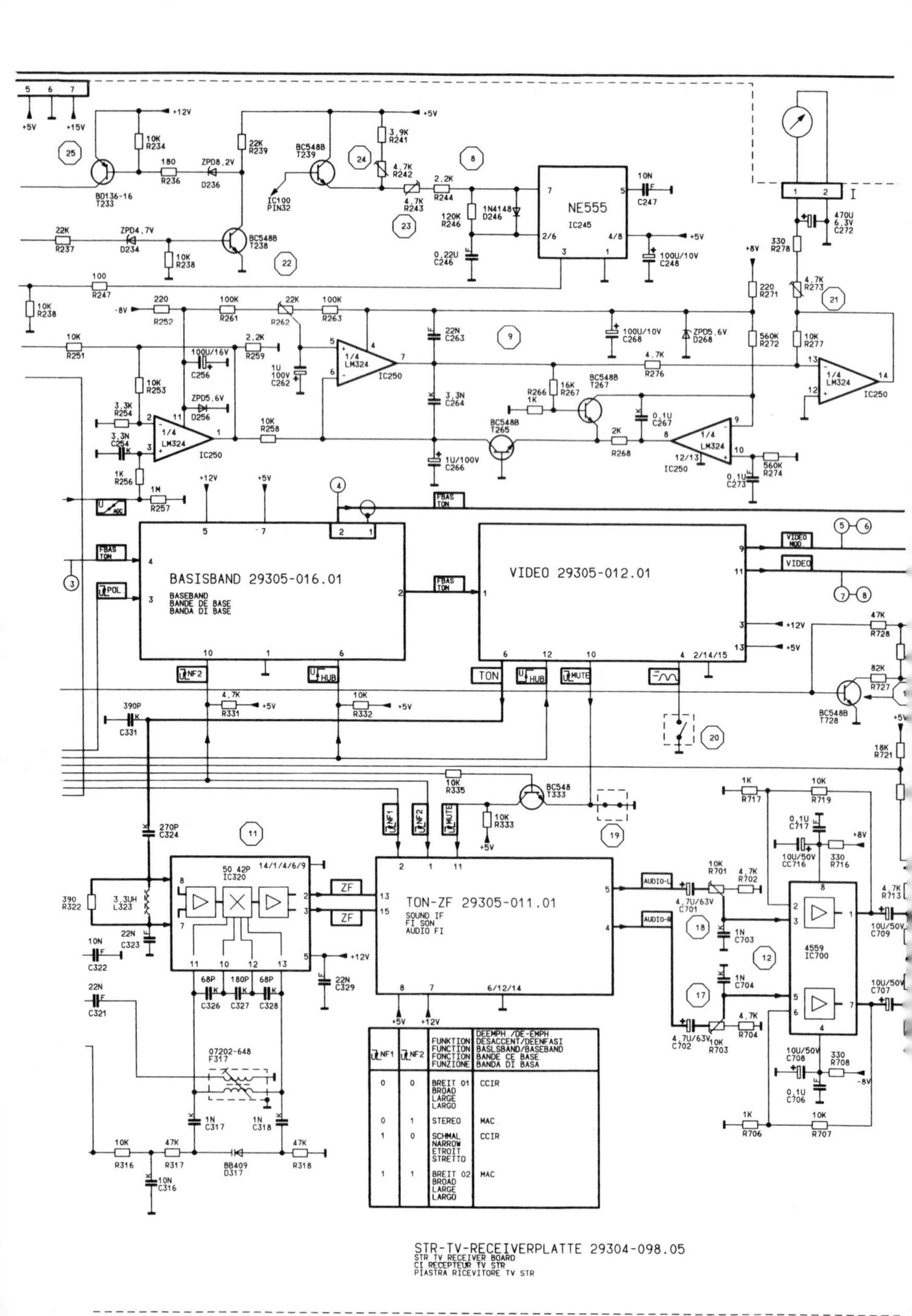

NF1	NF2	FUNKTION / FUNCTION / FONCTION / FUNZIONE	DEEMPH./DE-EMPH / DESACCENT/DEENFASI / BASLSBAND/BASEBAND / BANDE CE BASE / BANDA DI BASA
0	0	BREIT 01 BROAD LARGE LARGO	CCIR
0	1	STEREO	MAC
1	0	SCHMAL NARROW ETROIT STRETTO	CCIR
1	1	BREIT 02 BROAD LARGE LARGO	MAC

Zu Abb. 4.2.6

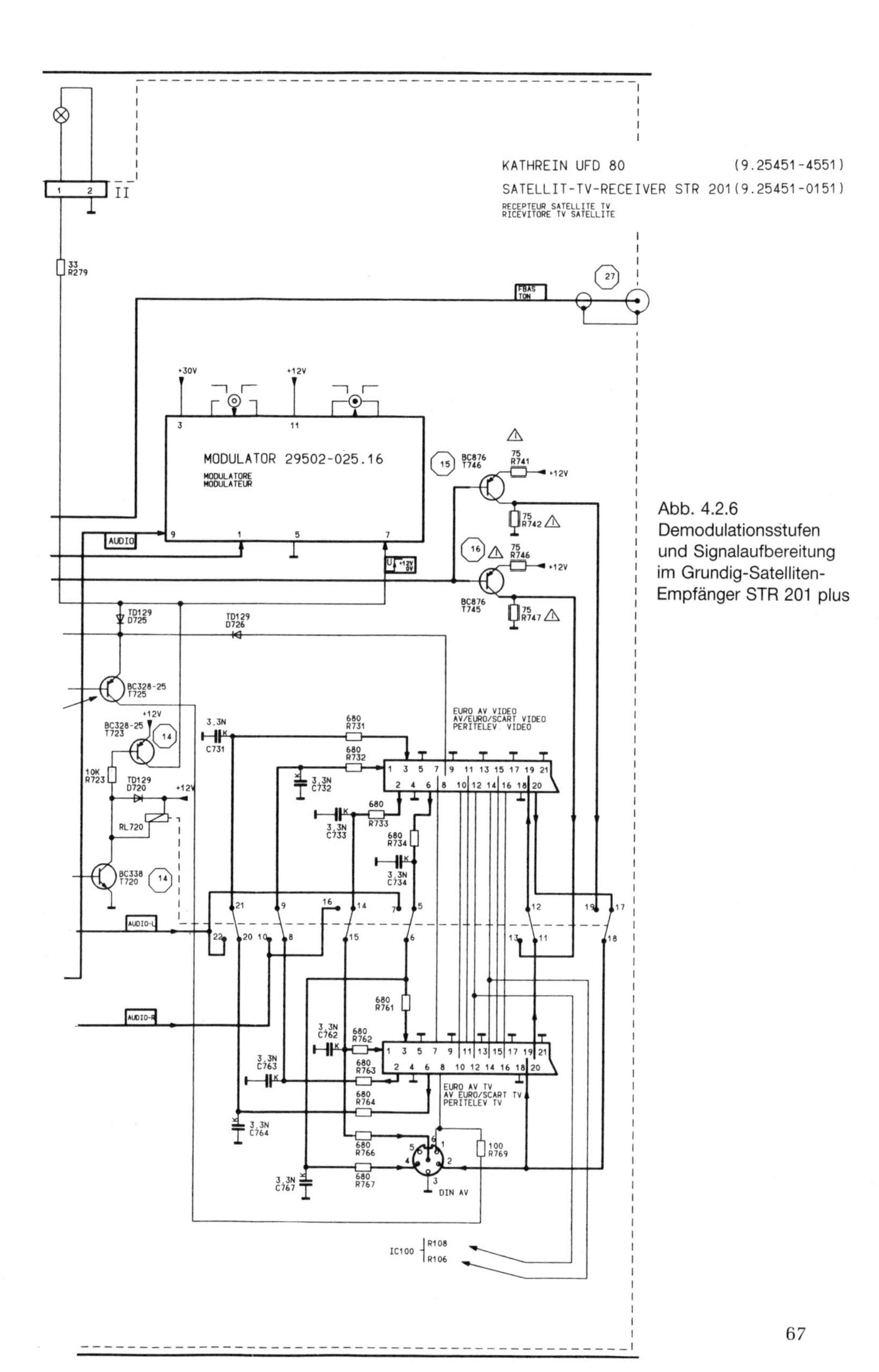

Abb. 4.2.6
Demodulationsstufen und Signalaufbereitung im Grundig-Satelliten-Empfänger STR 201 plus

Abb. 4.2.7a Blick in das Innere des Grundig-Satellitenempfängers STR 201 plus

Abb. 4.2.7b Satellitenempfänger von Grundig, vgl. auch Abb. 4.2.6d

Abb. 4.2.8 Allsat-Satellitenempfänger CR 1100 E.
a = Außenansicht,
b = Blick in das Innere

Abb. 4.2.9a Satellitenempfänger 2022 von NEC/All-Akustik

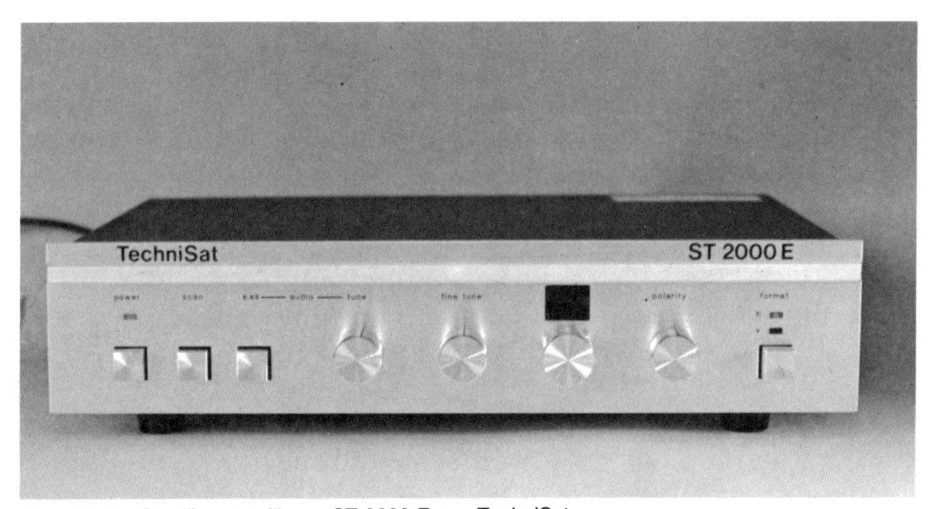

Abb. 4.2.9b Satellitenempfänger ST 2000 E von TechniSat

Im Steuerteil arbeitet der Mikroprozessor ZC 89511 (IC 100). Er bezieht seine Befehle von der Fronttastatur oder dem Infrarotempfänger. Der Satellitenreceiver wird in die AV-Leitungen zwischen Fernsehgerät und Videorecorder eingeschleift. Um zu verhindern, daß bei ausgeschaltetem Receiver die Verbindungen Fernsehempfänger-Videorecorder unterbrochen sind, werden jeweils Eingangs- und Ausgangsbuchse bei „Standby“ und „Aus“ durch ein Relais durchverbunden.

Der Mikroprozessor dient schließlich der Verwaltung einer ganzen Reihe abspeicherbarer Einstellungen beim Empfang der verschiedenen Programme. Das sind:

- Die lückenlose Frequenzabstimmung im kompletten Bereich von 950 bis 1700 MHz, stabilisiert im Zugriff zu den einzelnen Transponderkanälen durch einen PLL-Synthesizer und kompensiert gegen Oszillatordrift des LNCs mit Hilfe einer AFC.

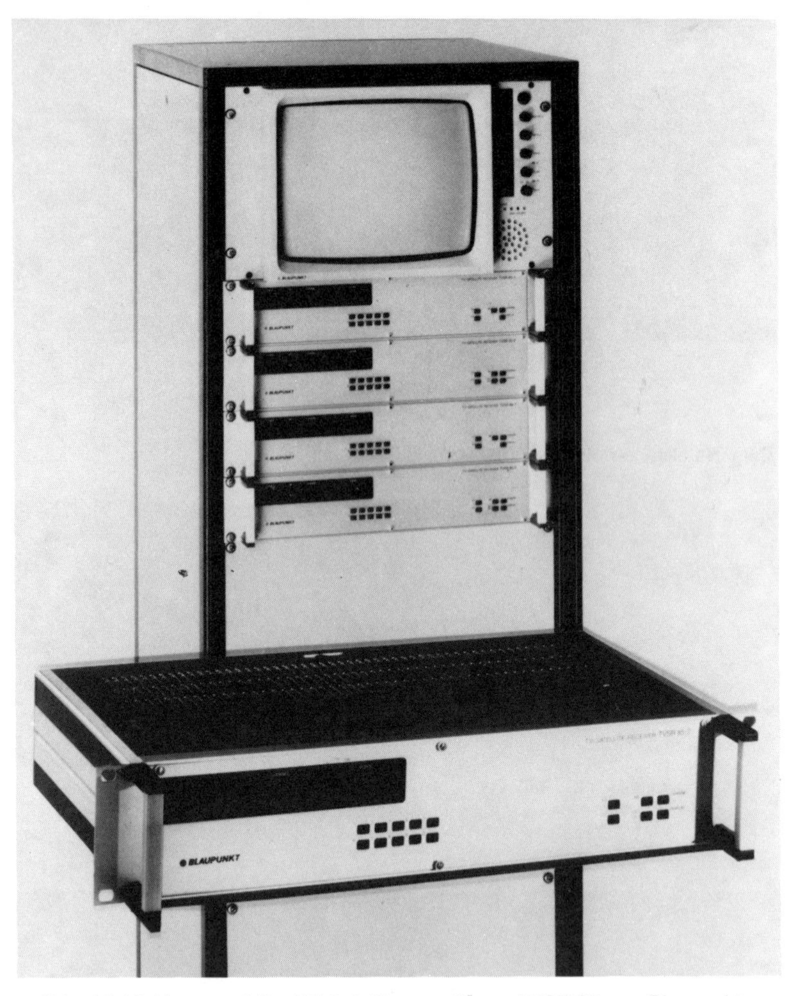

Abb. 4.2.10 Kommerzieller TV-Satellitenempfänger TVSR 85 von Blaupunkt

- Signalquellenanwahl „Polarisation“ (y/x bzw. 1/r); diese Buchsenanwahl kann noch durch den Zusatzschalter „Einzelantennenableitung“ fest auf x gelegt werden.
- Auswahlsignal für zwei Antennenspiegel.
- Videohub 16/25 MHz.
- Tondeemphase 50/75 µs und J17.
- Empfangbarkeit aller Tonsubträger zwischen 5 und 8 MHz.
- Stereoempfang.
- Breit-/Schmal-Umschaltung für die ZF-Durchlaßbandbreite zum Verbessern der FM-Schwelle bei schwachen Signalen.
- Videopolaritätsumschaltung.

(Aus: Satellitenempfang Jahrbuch 89, Kriebel Verlag Schondorf)

Abb. 4.2.11 Kommerzielle Inneneinheit zum Empfang von Satellitensendungen von DNT

In *Abb. 4.2.13* und *Abb. 4.2.14* sind schließlich noch zwei kommerzielle Empfangsanlagen gezeigt. Sie sind generell bausteinförmig aufgebaut, damit sie der Anzahl der zu übertragenden Programme angepaßt werden können.

4.3 Installation einer Satellitenempfangsanlage

Um es gleich vorweg zu sagen: Eine solche Installation ist auch von Nichtelektronikern leicht nachzuvollziehen, da sie keinerlei elektronische Vorkenntnisse voraussetzt. Wichtig ist allerdings handwerkliches Geschick, und einen Lötkolben sollte man auch schon mal in der Hand gehabt haben, denn nicht immer sind die Stecker an das Verbindungskabel zwischen Konverter und Satellitenempfänger bereits angelötet.

Die in diesem Abschnitt beschriebenen Beispiele eignen sich auch gut als Anregung. Denn die Einzelkomponenten lassen sich natürlich auch anders zusammenstellen und kombinieren. Vor einem sollte man sich allerdings hüten: Konverter und Antenne nicht vom gleichen Fabrikat zu beziehen, denn es kann sein, daß die Montage des Konverters im Brennpunkt des Spiegels unmöglich ist.

Zentimeterwellen, und die gilt es hier zu empfangen, verhalten sich fast wie Licht. Sie mögen keine Hindernisse, weder Stein, noch Holz, noch Beton, auch Eisen oder Stahl können sie nicht durchdringen. Aber sie lassen sich auch so bündeln wie Licht – in einem paraboloiden Spiegel, der die einfallenden Wellen alle in einen Brennpunkt wirft, wo man dann die eigentliche Antenne anbringt.

Am besten eignet sich zur Aufstellung ein Platz im Garten, und zwar weil
- die Blitzschutzbestimmungen nach VDE besoders einfach einzuhalten sind,
- keine statischen Probleme wie etwa auf dem Dach entstehen können,
- die Montage wesentlich einfacher ist,
- die Antenne sich – etwa bei Schneefall – leicht ausfegen läßt.

Für die Montage benötigt man noch einen Mast. Dafür eignet sich besonders gut das 3 m lange Unterteil eines Antennen-Schiebemastes, das man bei Antenneninstallateuren relativ preiswert erstehen kann. Viele Antennenhersteller liefern aber auch einen passenden dreibeinigen Fuß.

Der Mast gehört natürlich in ein Betonfundament (der Fuß darauf), das folgende Bedingungen erfüllen muß:
- Tiefe 1 m,
- Durchmesser 80 cm.

Beide Maße sind Mindestmaße: Die Tiefe ist notwendig, um nach längeren, starken Frostperioden Verwerfungen auszuschließen; der große Durchmesser verhindert Neigungen auch bei heftigen Stürmen *(Abb. 4.3.1)*. Man nimmt am besten einen

Abb. 4.3.1 1 m Tiefe und einen Durchmesser von 80 cm sollte das Loch für das Betonfundament mindestens haben

Abb. 4.3.2 Der Antennenmast wird so tief wie möglich in den Beton eingebracht

halben Kubikmeter Fertigbeton, den man in jeder Baustoffhandlung bekommt. Er wird gemäß den Packungsangaben verarbeitet.

Der etwa 3 m lange Mast wird, exakt senkrecht stehend (Wasserwaage benutzen), 1 m tief in den flüssigen Beton eingebracht und oben mit einer Kappe verschlossen (*Abb. 4.3.2*).

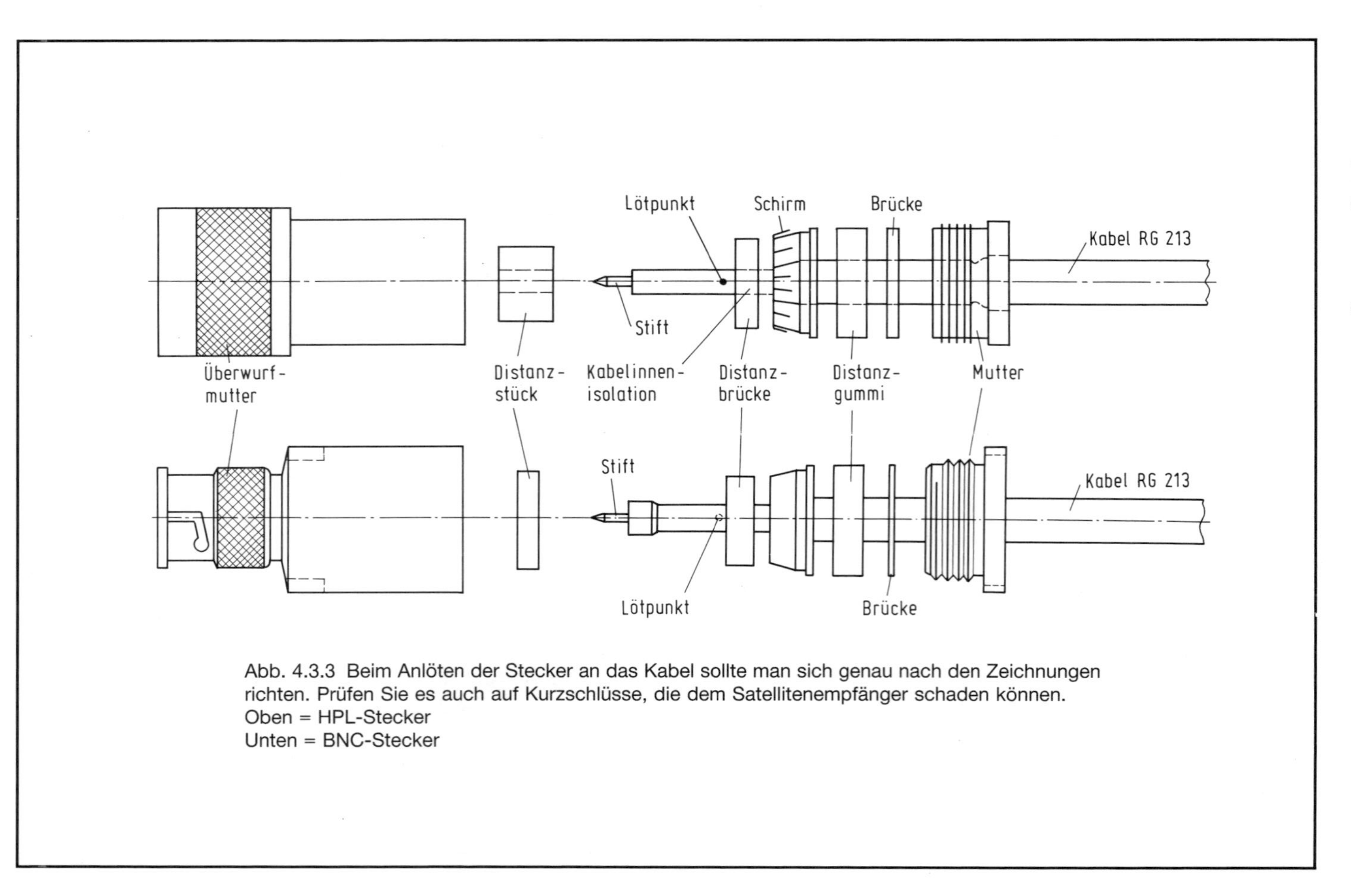

Abb. 4.3.3 Beim Anlöten der Stecker an das Kabel sollte man sich genau nach den Zeichnungen richten. Prüfen Sie es auch auf Kurzschlüsse, die dem Satellitenempfänger schaden können.
Oben = HPL-Stecker
Unten = BNC-Stecker

Das Fundament sollte nun 48 Stunden ruhen, ehe man mit der Montage der Antenne an dem Mast beginnt. Selbstverständlich darf das Fundament nicht bei Frostgefahr gegossen werden.

Zum Satellitenempfangs-Bausatz gehört auch das rund 30 m lange Kabel, das den Konverter am Parabolspiegel mit dem Satellitenempfänger verbindet. Über dieses Kabel laufen sowohl die Antennensignale als auch die Spannungsversorgung des Konverters, die aus dem Satellitenempfänger erfolgt und die einen Wert von ungefähr 15 V Gleichspannung hat. Es gibt Satellitenempfänger, die auch andere Versorgungsspannungen abgeben, z. B. 15 V oder gar 24 V; das ist aber unerheblich, weil die tatsächliche Betriebsspannung im Konverter auf einen wesentlich niedrigeren Wert stabilisiert wird.

Weitverbreitete Steckverbinder sind HPL- und BNC-Stecker. Wie diese Stecker aufgebaut sind, sagen besser als Worte die *Abb. 4.3.3 und 4*. In der letzten Zeit hat sich immer mehr der F-Stecker eingebürgert. Hier muß überhaupt nicht mehr gelötet werden.

Vor dem Anlöten der Stecker wird das Kabel auf die richtige Länge gekürzt, denn je kürzer das Kabel, um so geringer die Dämpfung. Daß man es später in die Erde verlegt und an geeigneter Stelle durch die Hauswand geht, versteht sich von selbst.

Die Montage des Parabolspiegels erfolgt nach den Angaben der Lieferfirma.

Noch fehlt aber das wichtigste Teil, nämlich der Konverter mit der eigentlichen Antenne. Er wird gemäß *Abb. 4.3.5* vormontiert, wobei der Gummiring exakt einzulegen ist, damit das Gebilde auch hundertprozentig wasserdicht wird.

Den Satelliten zu finden, ist wahrlich kein Problem. Dazu dient das Diagramm in *Abb. 4.3.6*. Den Höhenwinkel (Elevation) entnehmen wir *Abb. 4.3.7*. Für München ergibt das beispielsweise 34°.

Abb. 4.3.4 Einzelteile von BNC-Stecker (links) und HPL-Stecker

Für die Ausrichtung der Antenne auf den Satelliten müssen Fernseher und Satellitenempfänger vor Ort, also unmittelbar zur Antenne. Satellitenempfänger sind heutzutage vorprogrammiert. Stimmen Sie Ihren Fernsehempfänger auf den angegebenen UHF-Kanal ab, oder schließen Sie den Satellitenempfänger videomäßig an den Fernseher an. Sie werden bemerken, daß sich der Bildschirm etwas verdunkelt. Den Konverter richten Sie jetzt so aus, daß der Steckeranschluß entweder nach oben oder nach unten zeigt. Anschließend bringen Sie den Parabolspiegel ungefähr in die nach den Werten für Azimut und Elevation ermittelte Lage.

Zunächst verändern Sie nun den Höhenwinkel nach oben und schwenken dann den Parabolspiegel seitlich nach rechts und links um ein paar Grad. Ändert sich auf dem Bildschirm nichts, so verändern Sie wieder den Höhenwinkel um den gleichen Betrag und machen anschließend die Seitwärtsbewegungen.

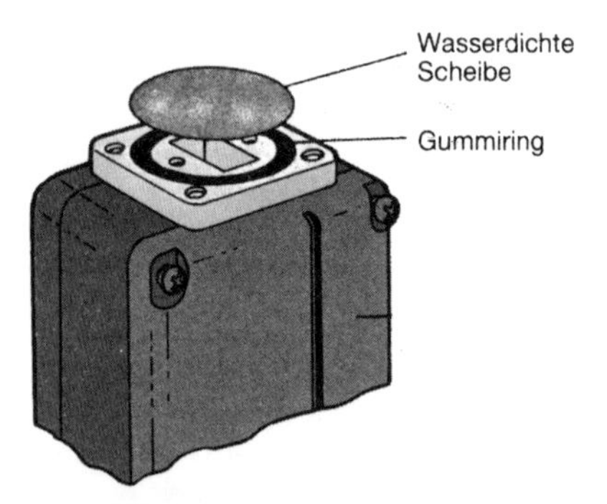

Abb. 4.3.5 Bei der Montage des Konverters kommt es vor allem auf Wasserdichtigkeit an. Der Gummiring muß also exakt sitzen. Bitte nicht zu stark pressen. Anschließend wird das Speisehorn (im Foto rechts) verschraubt

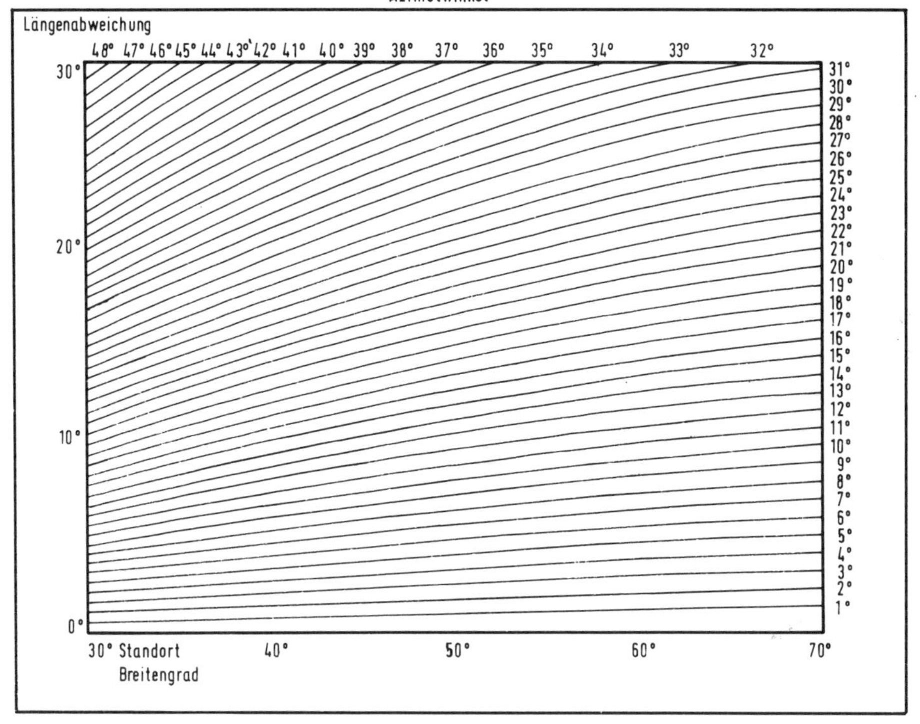

Abb. 4.3.6 Diagramm zum Ermitteln des Azimutwinkels

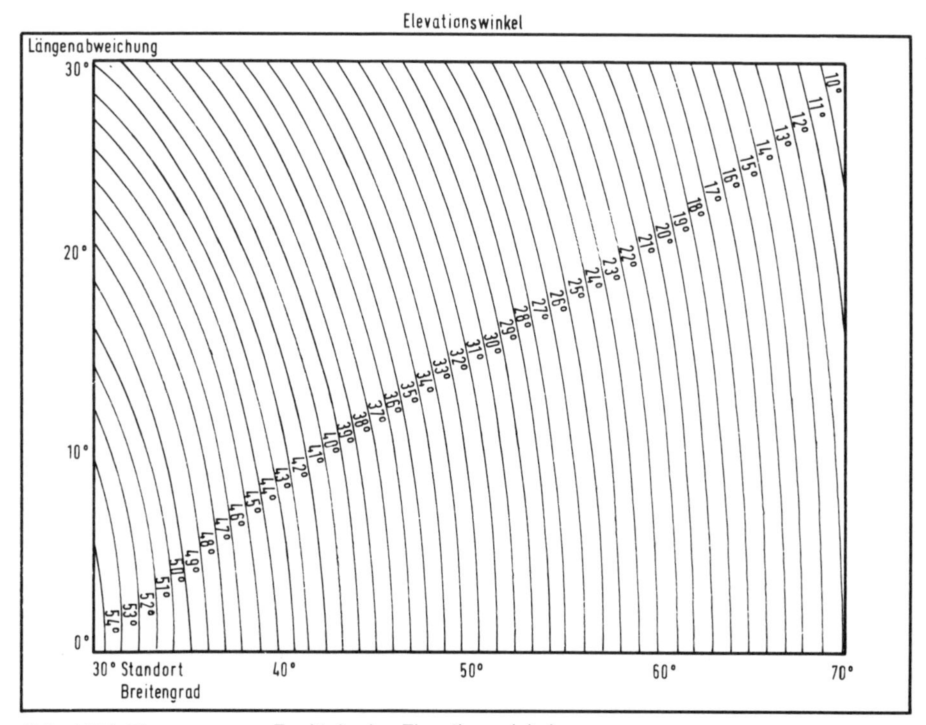

Abb. 4.3.7 Diagramm zum Ermitteln des Elevationswinkels

Natürlich kann es sein, daß Sie von Anfang an zu hoch waren. Wenn Sie also nach mehreren Versuchen nicht zum Ziel kommen, müssen Sie es mit dem Vermindern des Höhenwinkels versuchen. Haben Sie den Satelliten schließlich gefunden, suchen Sie das Optimum erst in horizontaler und dann in vertikaler Richtung.

Die Satellitenempfangsanlage muß von der Post genehmigt werden. Diese Genehmigung erhalten Sie ohne Schwierigkeiten.

4.4 Komplette Empfangsanlagen

Man muß zunächst unterscheiden zwischen kommerziellen Anlagen, wie sie in Kabel- oder Großgemeinschaftsantennenanlagen (GGA) verwendet werden, und sol-

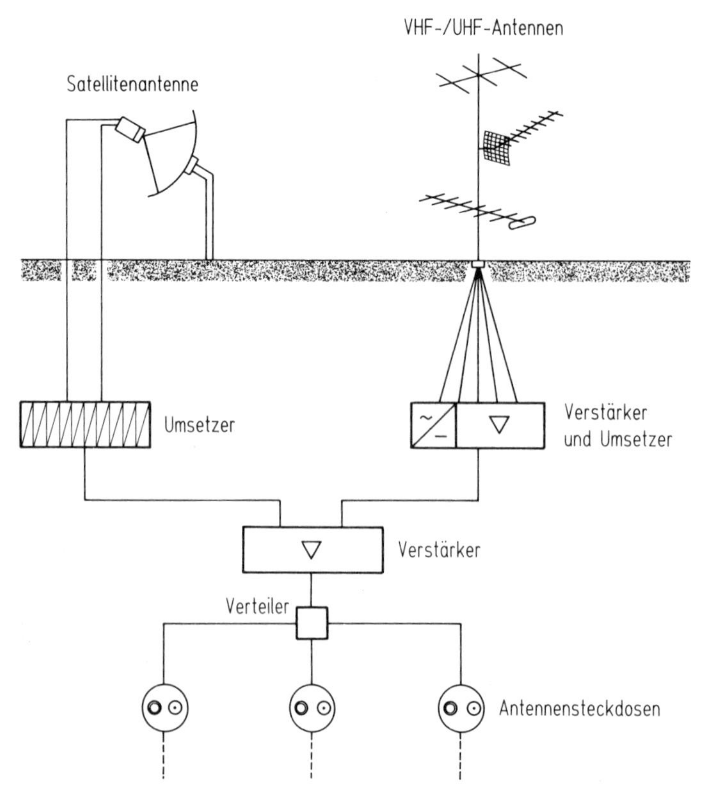

Abb. 4.4.1 Prinzip einer Kabel- oder Großgemeinschaftsantennenanlage (GGA) mit Satellitenempfang

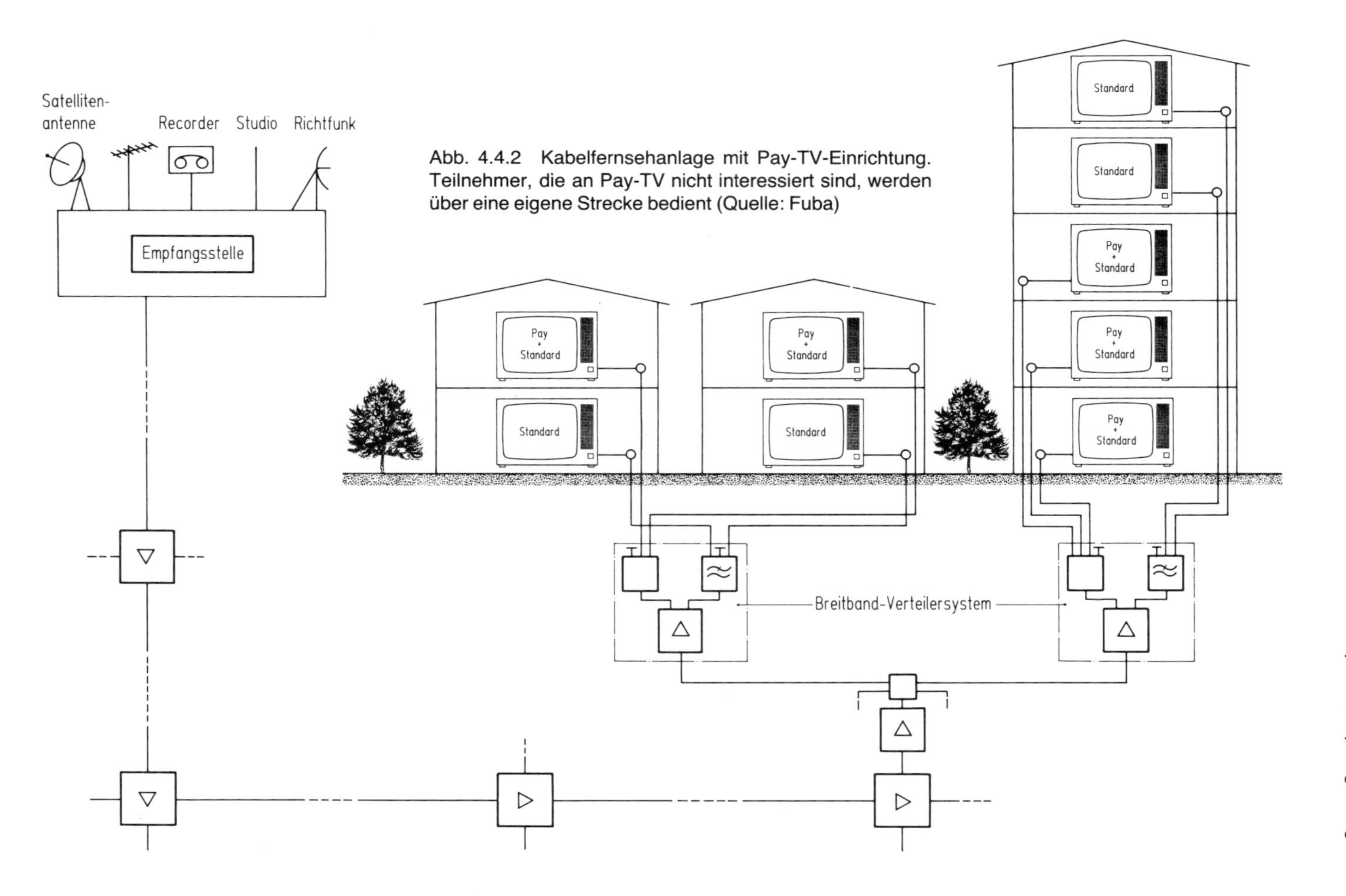

Abb. 4.4.2 Kabelfernsehanlage mit Pay-TV-Einrichtung. Teilnehmer, die an Pay-TV nicht interessiert sind, werden über eine eigene Strecke bedient (Quelle: Fuba)

chen, die für Einzelempfang oder die Mehrfachversorgung von einzelnen Wohneinheiten (in der Regel Einfamilienhäuser) ausgelegt sind. In den großen Anlagen geht es darum, sämtliche über Satellit empfangenen Programme allen Teilnehmern anzubieten, wobei die Abstimmung auf die Programme am Fernsehempfänger erfolgt.

Nach dem in *Abb. 4.4.1* gezeigten Prinzip müssen hierfür die im Frequenzbereich von 950...1700 MHz vom Konverter kommenden Empfangssignale getrennt und einzeln in einen niedrigeren Frequenzbereich umgesetzt werden. Da der UHF-Bereich in größeren Anlagen nur selten benutzt wird, gilt es auch, die terrestrischen Programme umzusetzen, ggf. unter Hinzunahme des Sonderkanalbereiches.

Gescrambelte, also verschlüsselte per Satellit angelieferte Programme können im Satellitenempfangszweig zusätzlich mit Hilfe von Descramblern decodiert werden. Bei Pay-TV, also Fernsehempfang gegen Gebühr, werden dieAnlagen allerdings um einiges komplizierter. Da auch mit Teilnehmern gerechnet werden muß, die an zu bezahlenden Sonderprogrammen nicht interessiert sind, muß eine teilweise Stern-

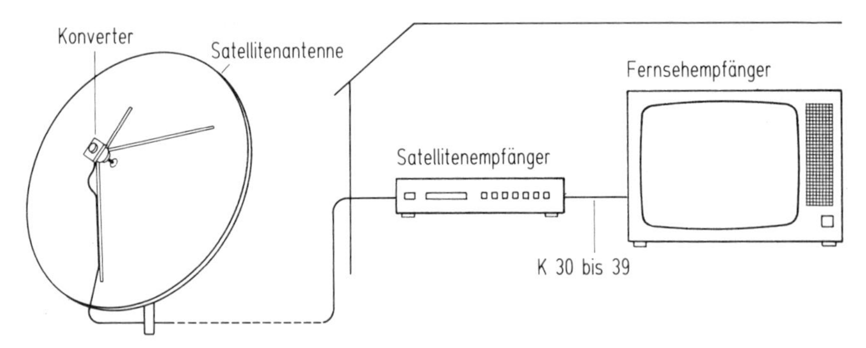

Abb. 4.4.3 Prinzip einer Satellitenempfangsanlage für Einzelempfang

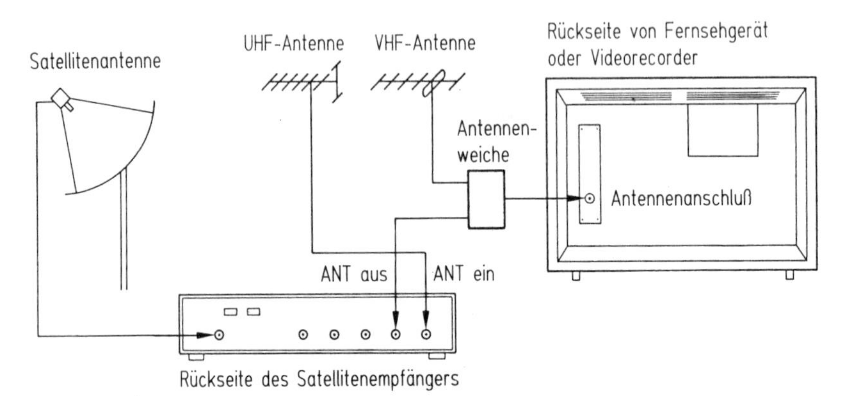

Abb. 4.4.4 Damit man beim Wechsel von terrestrischen Programmen auf Satellitenprogramme nicht umstöpseln muß, sollten im Satellitenempfänger die UHF-Programme mit hinzugemischt werden können. Eventuelle VHF-Programme müssen über eine Weiche eingekoppelt werden

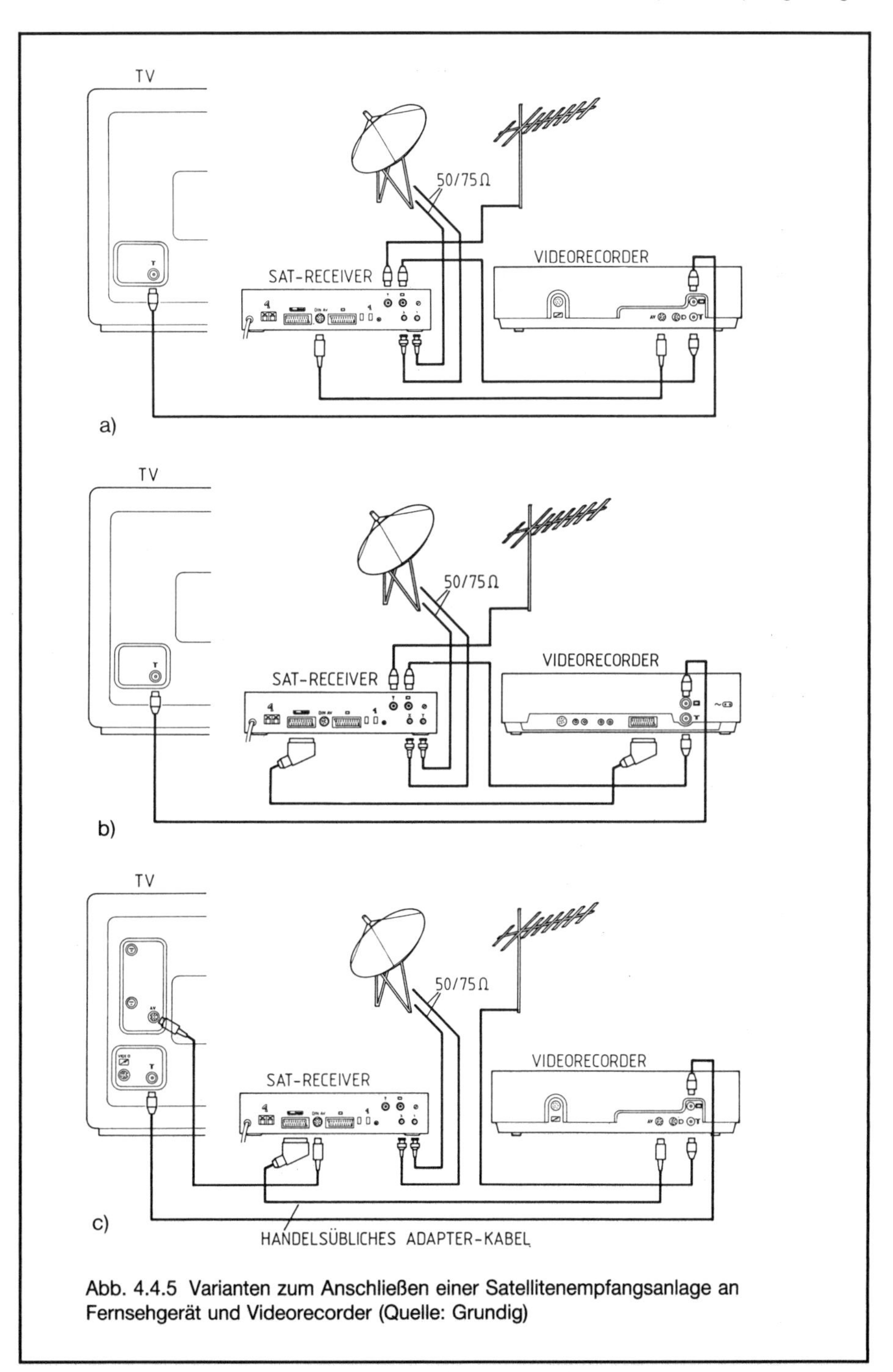

Abb. 4.4.5 Varianten zum Anschließen einer Satellitenempfangsanlage an Fernsehgerät und Videorecorder (Quelle: Grundig)

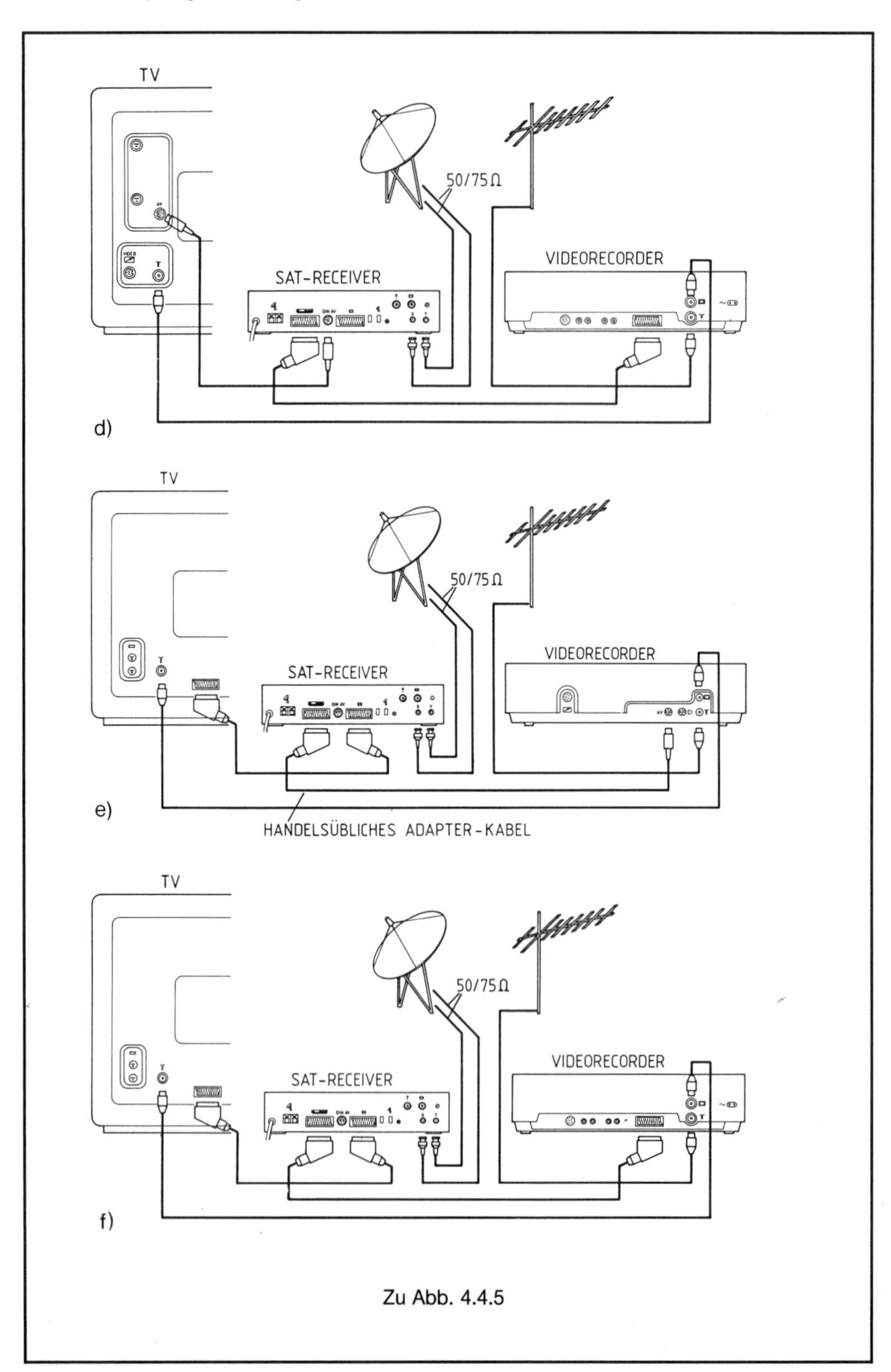
TV
50/75 Ω
VIDEORECORDER
SAT-RECEIVER
d)
TV
50/75 Ω
VIDEORECORDER
SAT-RECEIVER
e)
HANDELSÜBLICHES ADAPTER-KABEL
TV
50/75 Ω
VIDEORECORDER
SAT-RECEIVER
f)

Zu Abb. 4.4.5

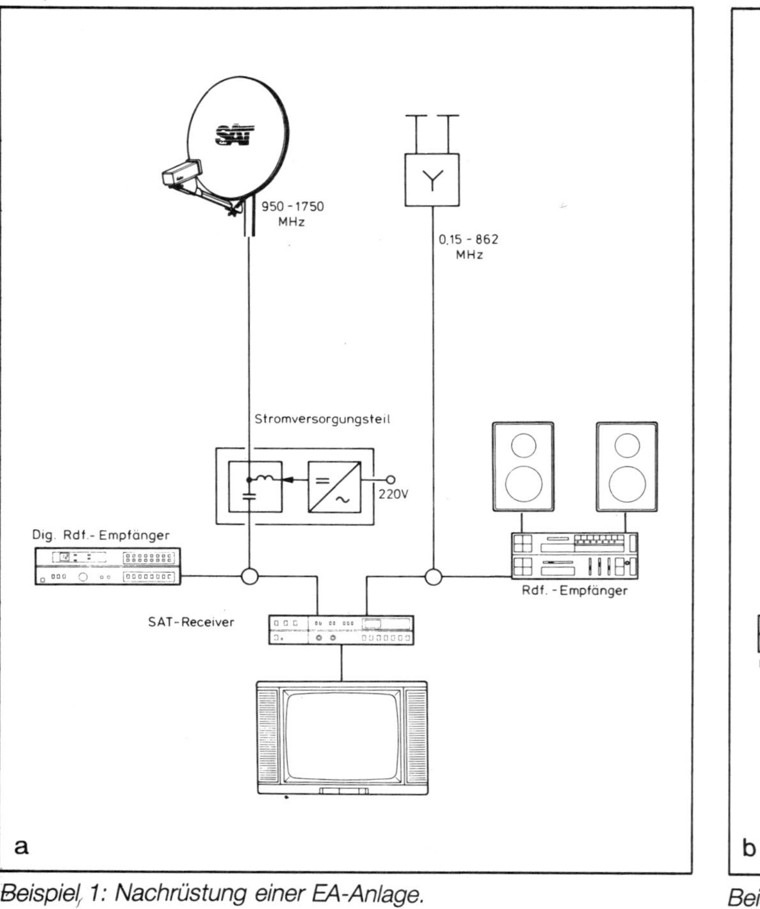

Beispiel 1: Nachrüstung einer EA-Anlage.

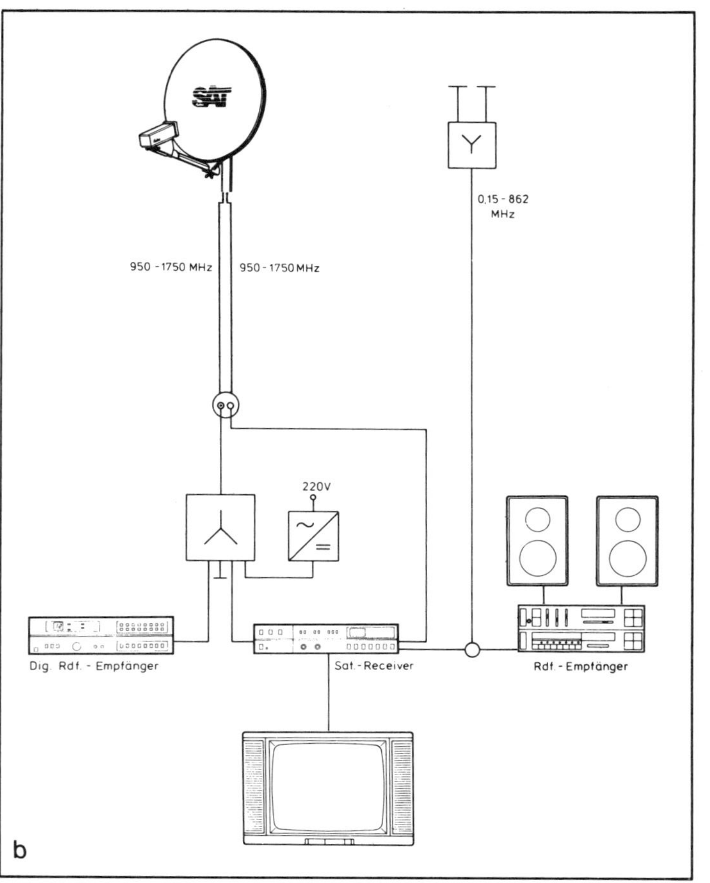

Beispiel 2: Nachrüstung einer EA-Anlage.

Abb. 4.4.6a bis c: Varianten zum Nachrüsten von Einzelempfangsantennenanlagen für DFS-Empfang einschl. digitalem Hörfunk (Quelle: Fuba)

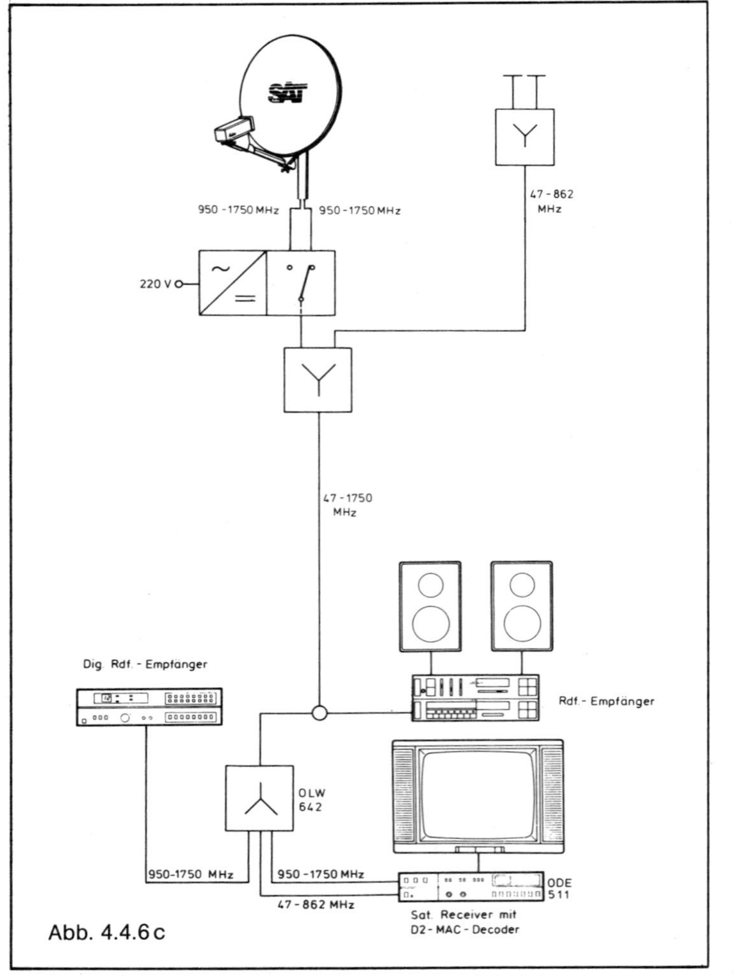

Abb. 4.4.6 c

Beispiel 3: Nachrüstung/Neuerrichtung einer EA-Anlage.

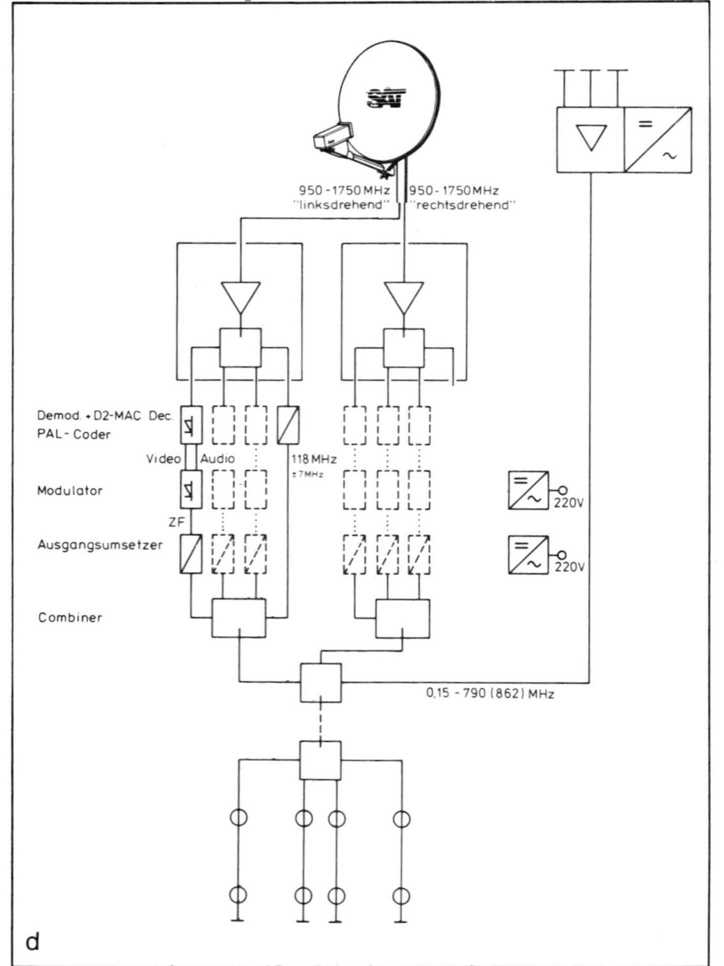

d

Abb. 4.4.6d Nachrüstung einer Gemeinschaftsantennenanlage mit TV-SAT-Satellitenempfangseinrichtung (Quelle: Fuba)

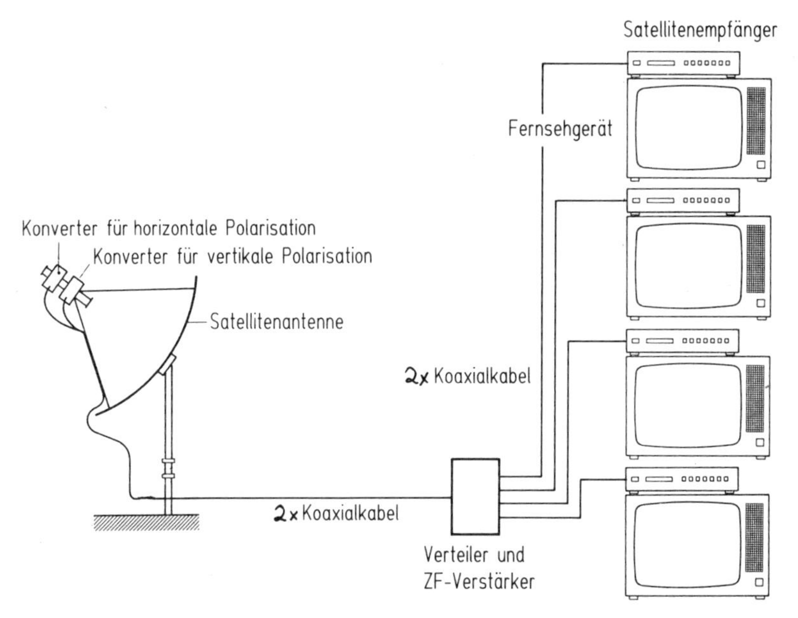

Abb. 4.4.7 Durch die ZF-Verstärker und den ZF-Verteiler wird es möglich, mehrere Satellitenempfänger an verschiedenen Fernsehgeräten zu betreiben

verkabelung vorgenommen werden. Es stehen dann Antennensteckdosen mit und ohne Pay-TV-Programmen zur Verfügung *(Abb. 4.4.2)*.

In Privatanlagen schaltet man die Antenne mit dem Konverter über den Satellitenempfänger an das Fernsehgerät *(Abb. 4.4.3)*. Auf die einzelnen Satellitenprogramme wird mit diesem Empfänger abgestimmt. Er liefert ein UHF-Signal für einen Kanal zwischen 30 und 39. Um beim Wechsel von Satellitenprogramman auf terrestrische nicht laufend umstöpseln zu müssen, werden die letzteren durch den Empfänger hindurchgeschleift.

Die Vielzahl der in Betrieb befindlichen Videorecorder hat die meisten Gerätehersteller bewogen, dort mehrere Verbindungsbuchsen vorzusehen. Daraus ergeben sich verschiedene Varianten für den Anschluß des Satellitenempfängers unter Einbeziehung des Videorecorders *(Abb. 4.4.5)*.

Mit dem Start des DFS 1 Kopernikus gibt es auch digitalen Hörfunkempfang. Natürlich muß auch ein Hörfunkempfänger in die Empfangsanlage eingebunden werden. Wie das geschieht, zeigen *Abb. 4.4.6a bis c* für Einzelempfangsanlagen. Der Satellitenempfänger kann in allen Fällen auch im Fernsehgerät eingebaut sein. In Abb. 4.4.6d ist schließlich dargestellt, wie eine Gemeinschaftsantennenanlage aufzubauen bzw. umzurüsten ist.

Selbstverständlich lassen sich auch an einer Satellitenempfangsanlage mehrere Fernsehgeräte betreiben. Am zweckmäßigsten und preiswertesten ist es, jedem

Fernsehgerät einen eigenen Satellitenempfänger zuzuordnen. In diesem Fall muß natürlich allen Empfängern das ZF-Signal 950...1750 MHz zugeführt werden. Damit es durch die Verteilung und die dann meist relativ großen Kabellängen nicht zu sehr geschwächt wird, sieht man nach *Abb. 4.4.7* noch einen ZF-Verstärker vor. Er erhält seine Stromversorgung von einem der Satellitenempfänger, der auch die Konverter speist.

4.5 D2-MAC-Decoder

Wie das D2-MAC-Verfahren insgesamt funktioniert, wurde bereits in Kapitel 2.4 beschrieben. Die Decodierung der Signale ist ähnlich aufwendig und nur mit höchstintegrierten Schaltungen möglich. Gegenwärtig gibt es einen Einchip-D2-MAC-Decoder nur von einem Hersteller: es ist der Typ 2270 von Intermetall.

Der DMA 2270 enthält auf 52 mm Chipfläche rund 150 000 Transistoren. Diese Dichte war nur mittels der geringen Strukturbreite von 1,5 µm möglich. Dabei beträgt die Leistungsaufnahme 300 mW.

Der Baustein verarbeitet das digitalisierte D2-MAC-Basisband. Er liefert digitale Videosignale, die der D/A-Wandler VCU 2133 in analoge RGB-Signale umwandelt *(Abb. 4.5.1)*. Die Tonsignale werden hier zugleich soweit vorverarbeitet, daß für den Audioprozessor AMU 2485 nur noch die Verwaltung der acht möglichen Tonkanäle und die Ausführung der Steuerfunktionen übrigbleibt.

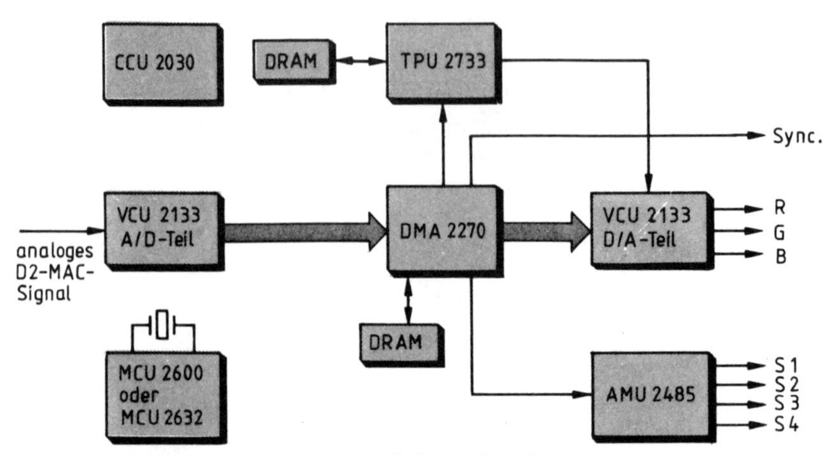

Abb. 4.5.1 Blockschaltbild eines D2-MAC-Zusatzdecoders

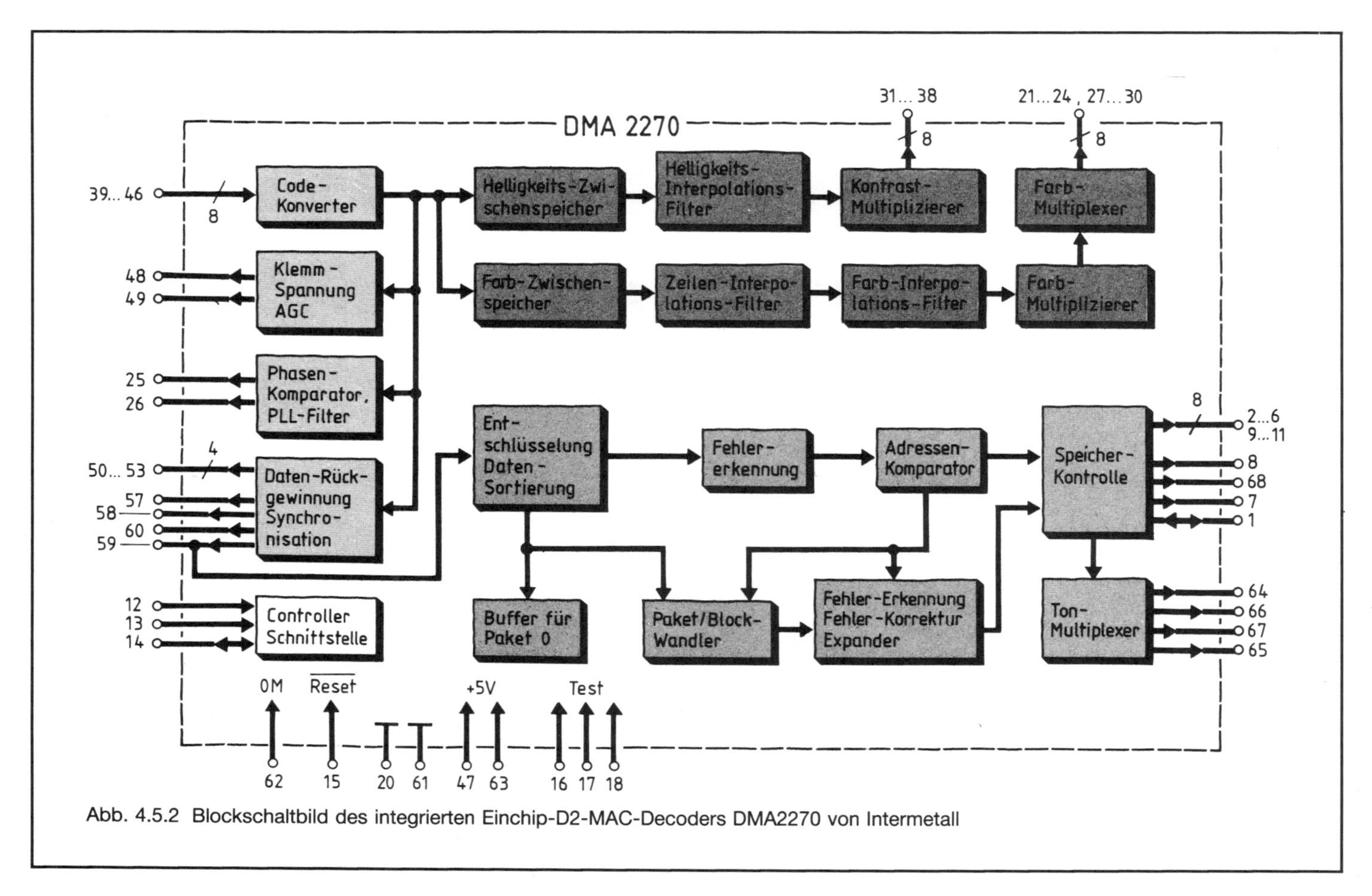

Abb. 4.5.2 Blockschaltbild des integrierten Einchip-D2-MAC-Decoders DMA2270 von Intermetall

Der Decoder *(Abb. 4.5.2)* besteht, grob unterteilt, aus drei Funktionsblöcken: der Daten- und Takt-Reduktion, die Video- sowie die Ton- und Datenverarbeitung. Die Daten- und Taktreduktion beinhaltet einen Code-Konverter, den Klemmspannungsgenerator, einen Phasenkomparator mit PLL-Filter und die Daten-Rückgewinnungsstufe mit der Synchronisation.

Im Code-Konverter wird das digitalisierte D2-MAC-Basisbandsignal (Gray-Code) in ein einfaches Binärsignal umgesetzt. Der Klemmspannungsgenerator legt den Spannungspegel des Basisbandsignals auf konstant 5,5 V. Der Phasenkomparator sorgt für die Synchronisation des TV-Chassis-Taktsignals mit dem duobinär codierten D2-MAC-Ton- und Datensignals.

In dem Datenrückgewinnungs- und Synchronisationsteil werden verbogene Ton- und Datenbits wieder geradegerückt sowie Farbe und Helligkeit des D2-MAC-Multiplexsignals miteinander synchronisiert. Die Bildsynchronisation übernimmt ein Korrelator, der die hereinkommenden Daten mit dem 64-Bit-Synchronwort vergleicht und bei Übereinstimmung den Bildstart auslöst.

Im Video-Funktionsblock werden die Farb- und Helligkeitssignale ähnlich wie im Coder in einem Zwischspeicher abgelegt, dann aber zeitlich gedehnt wieder ausgelesen, um die Kompression rückgängig zu machen. Ein Kontrast-Multiplizierer stellt den Kontrastwert, fein unterteilt in 64 Schritte, bis zum Faktor 2 : 1 ein. Gleiches geschieht auch im Farbkreis. Schließlich gelangen die Signale zum D/A-Wandler.

Die Daten- und Tonverarbeitung beginnt schon im Block für die Datenrückgewinnung, wo die duobinär codierten Signale in binär codierte Signale umgewandelt und dann der Daten-Entschlüsselung und -Sortierung zugeleitet werden.

Im Tonteil werden alle nur denkbaren Verfahren zur Fehlererkennung und -korrektur eingesetzt. Ist eine Rekonstruktion nicht möglich wird der falsche Wert durch einen berechneten ersetzt.

Da die Toninformationen paketweise gesendet werden, ist eine Zwischenspeicherung in einem RAM erforderlich. Es dient als Puffer, und die Samples werden mit 32 kBits/s ausgelesen und der Audio-Mixing-Unit zugeführt. In einem sogenannten 0-Paket ist festgehalten, welches Codierungsverfahren für die verschiedenen Kanäle gewählt wurde, in welcher Sprache das Programm ausgestrahlt wird oder ob ein Kanal beispielsweise ein Kommentatorkanal ist. Darüber hinaus enthält es Angaben über Senderkennung, Uhrzeit usw.

Vermutlich wird der D2-MAC-Decoder in einem Gerät der Digit-2000-Serie (Nokia-Graetz) für den Hersteller nur etwa 50 DM mehr kosten, weil diese Geräte bereits eine digitale Signalverarbeitung haben. Beistelldecoder schätzen Experten auf 500 DM. Ein Erfolg dürfte aber D2-MAC für Einzelempfang nur dann beschieden sein, wenn eine komplette Anlage deutlich unter 1500 DM kostet. Und für Einzelempfang wurden die DBS-Satelliten ja wohl entwickelt.

5 Internationale Satelliten-organisationen

5.1 Eutelsat

Eutelsat ist eine rein europäische, internationale Organisation, die sich Planung, Konstruktion, Bau und Betrieb von Kommunikationssatelliten zum Ziel gesetzt hat. Gegenwärtig betreibt Eutelsat die beiden Satelliten I F-1 und I F-2 (Abb. 3.1.3), der Start eines dritten der gleichen Generation steht bevor. Darüber hinaus nutzt Eutelsat den französischen Satelliten Telecom 1 für Geschäftskommunikation.

Eutelsat wurde am 30. Juni 1977 von 17 europäischen Fernmeldeverwaltungs-Behörden mit dem Ziel gegründet, ein europäisches Satellitensystem aufzubauen und zu betreiben. Die Organisation hat ihren Sitz in Paris, wo es seit 1978 ein Generalsekretariat gibt.

Heute gehören Eutelsat 26 westeuropäische Nationen an:

Belgien	Malta
Dänemark	Monaco
Bundesrepublik Deutschland	Niederlande
Finnland	Norwegen
Frankreich	Österreich
Griechenland	Portugal
Großbritannien	San Marino
Island	Schweden
Irland	Schweiz
Italien	Spanien
Jugoslawien	Türkei
Liechtenstein	Vatikanstaat
Luxemburg	Zypern

Eutelsat arbeitet nach vier Grundprinzipien: Es ist ein europäisches System; es gibt keine Diskriminierungen gegenüber Signatarstaaten; es ist ein kommerzielles System mit Diensten von allgemeinem Interesse; es ist eingeordnet in die internationalen Vereinbarungen bezüglich Frequenznutzung und Orbitpositionen der Satelliten.

Eutelsat besteht aus drei Organen: Da ist zunächst die Mitgliedsländer-Versammlung, die sich aus den Repräsentanten der Mitgliedsstaaten zusammensetzt. Sie tagt alle zwei Jahre und gibt Anregungen und Empfehlungen für die Signatarstaatenversammlung.

Diese Signatarstaatenversammlung besteht aus den Repräsentanten der Nutzerverwaltungen des Satellitensystems. Sie tagt mehrmals jährlich und hat folgende Aufgaben: Entwurf, Entwicklung, Betrieb und Erhalt der Satellitensysteme, Vorbereitung und Verwaltung des Budgets; Festlegung der Bedingungen für die Nutzung der Satellitensysteme; Festlegung der Standards für die Bodenstationen; Koordination zwischen verschiedenen Satellitensystemen und ihre Verbindung mit terrestrischen Sendenetzen.

Dem Exekutivorgan steht ein Generaldirektor vor, der von der Signatarstaatenversammlung bestimmt wird. Seine Amtsperiode dauert sechs Jahre.

Eutelsat bietet vier verschiedene Dienste an: Telefongesprächsübermittlung (in Digitaltechnik), Fernsehprogrammübertragung sowohl für die Eurovision als auch für die Verteilung regulärer Programme in Kabelnetze und zum Empfang in privaten Satellitenempfangsanlagen, Fernsehprogrammausstrahlung über direkt empfangbare Satelliten (DBS) nach 1990 und Geschäftskommunikation über den französischen Satelliten Telecom 1.

Das Eutelsat I-System umfaßt derzeit vier Satelliten. Eutelsat I F-1, Eutelsat I F-2 (*Abb. 5.1.1*). Eutelsat I F-4 und I F-5 sind typische Fernmeldesatelliten (siehe Kap. 3.1). Sie arbeiten im 14-/11-GHz-Band und (außer Eutelsat I F-1) auch im 14-/12-GHz-Band. Sie verfügen über 14 Transponder (Eutelsat I F-1: 12), von denen 9 (10) zu jeder Zeit nutzbar sind.

Abb. 5.1.1 ECS-Satellit bei der Montage. Erst dieses Bild macht deutlich, was für ein Ungetüm ein solcher Satellit ist (Aufnahme: AEG)

Ab 1990 will Eutelsat eine zweite Satellitengeneration im Orbit installieren. Es wird sich um dreiachsenstabilisierte Satelliten mit 985 kg Masse im Orbit handeln. Sie werden über 16 Kanäle verfügen. Ihre Strahlungsleistung (EIRP) liegt bedeutend höher als diejenige der Eutelsat I-Serie. Sie beträgt 51 dBW an den Bereichsenden. Die Verstärkerleistung wird mit 50 W angegeben, die Transponder-Bandbreiten mit 31 MHz, 36 MHz und 72 MHz. Die Satelliten empfangen auf 14...14,5 GHz und senden auf 10,95...11,20 GHz, 11,45...11,70 GHz und 12,50...12,75 GHz.

5.2 Intelsat

Die Internatonial Telecommunications Satellite Organization (=Intelsat) ist eine internationale Gemeinschaft von 112 Ländern, die ein weltweites, kommerzielles Nachrichtensatelliten-System besitzt und betreibt. Intelsat wurde im Jahre 1964 gegründet, und schon 1965 bot Intelsat – nach dem erfolgreichen Start von Early Bird, Intelsat 1, transatlantische Nachrichtenverbindungen über einen geostationären Satelliten an.

Intelsat hat bis heute insgesamt sieben Satellitengenerationen betrieben *(Abb. 5.2.1)*:

- Intelsat I mit einer Kapazität von 240 Sprechkanälen,
- Intelsat II mit einer Kapazität von 240 Sprechkanälen,
- Intelsat III mit einer Kapazität von 1500 Sprechkanälen,
- Intelsat IV mit einer Kapazität von 4000 Sprechkanälen und zusätzlich zwei TV-Kanälen,
- Intelsat IV-A mit einer Kapazität von 6000 Sprechkanälen und zusätzlich zwei TV-Kanälen,
- Intelsat V mit einer Kapazität von 12 000 Sprechkanälen und zusätzlich zwei TV-Kanälen und
- Intelsat V-A mit einer Kapazität von 15 000 Sprechkanälen und zusätzlich zwei TV-Kanälen.

Die Satelliten der nächsten Generation Intelsat VI, deren erster im Herbst 1989 gestartet wurde, haben eine Kapazität von 120 000 Sprechkanälen und zusätzlich drei TV-Kanälen (*Abb. 5.2.2*).

Das gegenwärtige Intelsat-Satellitennetz umfaßt Satelliten der Generation IV, IV-A, V und V-A. Zu ihnen gehören über 680 Erdstationen in mehr als 165 Ländern. Im allgemeinen werden diese Erdfunkstellen von den in den jeweiligen Ländern

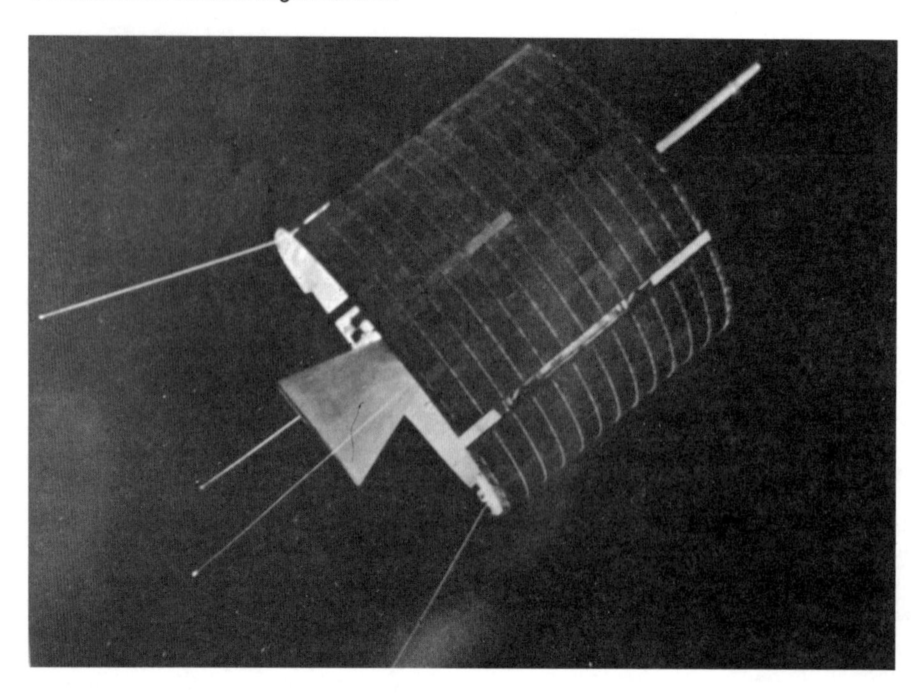

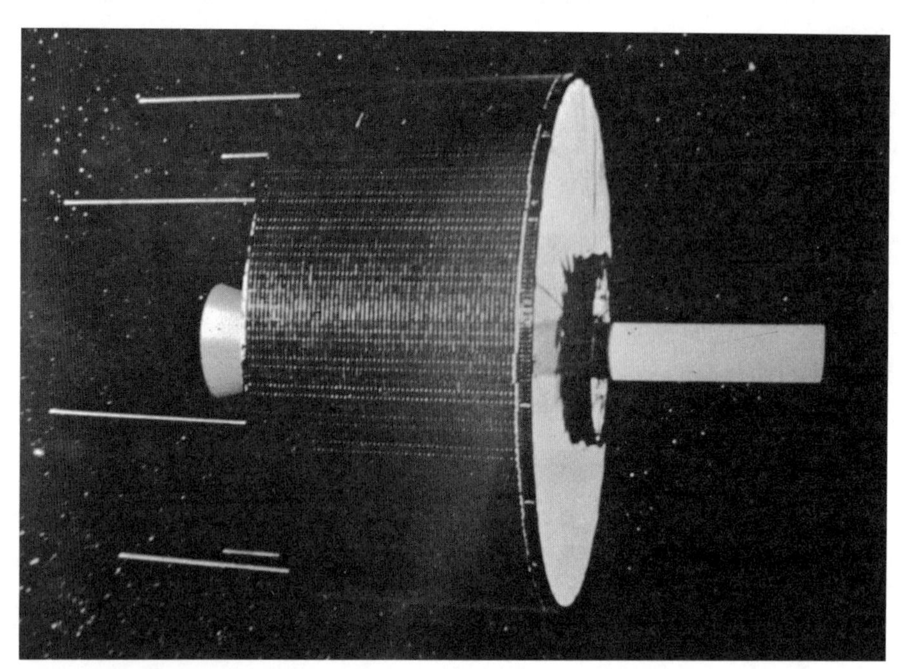

Abb. 5.2.1 Intelsat-Satelliten verschiedener Generationen. Oben: Intelsat I; unten: Intelsat II

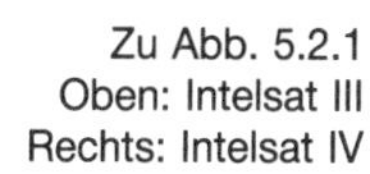

Zu Abb. 5.2.1
Oben: Intelsat III
Rechts: Intelsat IV

Zu Abb. 5.2.1 Oben: Intelsat IV-A; unten: Intelsat V

Abb. 5.2.2
Zentrale von Intelsat
in den USA

zuständigen Telekommunikationsgesellschaften, in der Bundesrepublik Deutschland also von der Deutschen Bundespost, betrieben. Die Standards für den Verkehr über die Satelliten legt Intelsat fest, sie sind von den beteiligten Organisationen einzuhalten.

Intelsat hat eine viergeteilte Organisationsstruktur. Da ist zunächst die Mitgliederversammlung. Sie tagt in der Regel alle zwei Jahre und besteht aus den Repräsentanten ihrer Mitglieder, wobei jedes Land mit einer Stimme vertreten ist. Grundsatzentscheidungen müssen mit zwei Drittel Mehrheit getroffen werden, im übrigen genügt die einfache Mehrheit.

Das zweite Entscheidungsgremium ist die Signatarstaatenversammlung, in der die Regierungen der Mitgliedsländer oder deren bevollmächtigte Fernmeldebehörden vertreten sind. Es tagt jährlich und berät die finanziellen, technischen und operationellen Vorhaben.

Die Signatarstaatenversammlung legt ferner die Regeln für die technische Ausstattung der Bodenstationen fest und gibt Entschließungen und Empfehlungen für die Mitgliederversammlung und den Verwaltungsrat. In diesem Gremium hat ebenfalls jedes Mitglied eine Stimme.

Der Verwaltungsrat setzt sich zusammen aus den Repräsentanten der Signatarstaaten, deren Anteile einzeln oder in einer Gruppe von Staaten dem Mindestanteil entsprechen, der von der Signatarstaatenversammlung festgelegt wird. Dieser Mindestanteil ist so bemessen, daß zwischen 20 und 22 Mitliedern des Verwaltungsrats Staatengruppen aus den fünf Regionen der ITU (= International Telecommunication Union) vertreten. Zwei oder mehr Signatarstaaaten können sich hier zu einer Gruppe zusammentun und sich von einem Repräsentanten vertreten lassen. Zur Zeit hat der Verwaltungsrat 28 Mitglieder, die 100 der 112 Signatarstaaten repräsentieren.

Der Verwaltungsrat tagt viermal im Jahr und trifft alle Entscheidungen über Auslegung, Entwicklung, Konstruktion, Erprobung, Operation und Erhalt der Intelsat-Satelliten.

Schließlich gibt es bei Intelsat den Exekutiv-Stab, der sich aus 650 Personen aus 60 Staaten zusammensetzt. Dabei handelt es sich um qualifizierte Fachkräfte für die tägliche Arbeit bei Intelsat. Der Intelsat-Sitz ist in Washington, D. C., mit Filialbüros in Kalifornien und Großbritannien *(Abb. 5.2.2)*. An der Spitze von Intelsat steht ein General-Direktor, der dem Verwaltungsrat berichterstattet und für alle Operationen und das Management der Organisation verantwortlich ist.

Finanziell sind die Mitgliedsstaaten mit mindestens 0,05 % an Intelsat beteiligt. Den Löwenanteil halten die USA über ihre Fernmeldeorganisation COMSAT mit 24,7 %, gefolgt von Großbritannien mit 13,4 %, Frankreich mit 4,8 % und der Bundesrepublik mit 4,2 %.

Mitgliedsstaaten von Intelsat

Ägypten
Äthiopien
Afghanistan
Algerien
Angola
Argentinien
Australien
Bahamas
Bangladesch
Barbados
Belgien
Bolivien
Brasilien
Burkina Faso
Chile
Volksrepublik China
Costa Rica
Dänemark
Bundesrepublik Deutschland
Dominikanische Republik
Ekuador
Elfenbeinküste
El Salvador
Fidschi
Finnland
Frankreich
Gabun
Ghana
Griechenland
Großbritannien
Guatemala
Guinea

Haiti
Honduras
Indien
Indonesien
Irak
Iran
Irland
Island
Israel
Italien
Jamaika
Japan
Arabische Republik Jemen
Jordanien
Jugoslawien
Kamerun
Kanada
Kenia
Kolumbien
Kongo
Korea
Kuweit
Libanon
Libyen
Liechtenstein
Luxemburg
Madagaskar
Malawi
Malaysia
Mali
Marokko
Mauretanien
Mexiko
Monako
Neuseeland
Niederlande
Niger
Nigeria
Nikaragua
Norwegen
Österreich
Oman
Pakistan
Panama
Papua Neu Guinea
Paraguay
Peru
Philippinen
Portugal
Qatar
Sambia
Saudi Arabien
Schweden
Schweiz
Senegal
Singapur
Somalia
Spanien
Sri Lanka
Sudan
Südafrika
Syrien
Tansania
Thailand
Trinidad & Tobago
Tschad
Türkei
Tunesien
Uganda
USA
Uruguay
Vatikanstaat
Venezuela
Vereinigte Arabische Emirate
Vietnam
Zaire
Zentralafrikanische Republik
Zypern

Von den gegenwärtig 15 Satelliten im Orbit gehört immerhin noch einer zur Generation IV, die zwischen 1971 und 1975 gestartet und von Hughes Aircraft in den USA hergestellt wurde. Dieser Satellitentyp ist spinstabilisiert durch einen mit rund 100 Umdrehungen pro Minute rotierenden Außenkörper, der vollständig mit Solarzellen verkleidet ist. Seine Nutzlast umfaßt zwölf Transponder, von denen vier dauernd der Globalbeam-Ausleuchtung dienen. Die übrigen acht Transponder können entweder ebenfalls für Globalbeam-Ausleuchtung oder – von der Erde schaltbar – zur Ost- oder West-Spotbeam-Ausleuchtung verwendet werden.

Die 6000 möglichen Telefonkanäle lassen sich ganz oder teilweise auch für maximal 12 Fernsehprogramm-Übertragungen einsetzen. Möglich sind aber auch andere Nachrichtenübertragungen wie etwa Daten.

Die Satelliten der Generation IV-A sind eine Weiterentwicklung des Vorgängertyps. Sie unterscheiden sich vor allen durch die größere Anzahl an Transpondern (insgesamt 20). Zwischen 1975 und 1978 startete Intelsat insgesamt fünf derartige Satelliten, von denen noch drei in Betrieb sind. Zusätzlich zu den Spot- und Globalbeam-Ausleuchtungen verfügen die Intelsat IV-A auch über Ost- und West-Hemisphärenbeam-Ausleuchtungen.

1980 begann mit dem Start des ersten Intelsat V ein neues Satelliten-Zeitalter. Diese Satelliten, hergestellt von Ford Aerospace, sind dreiachsen-stabilisiert. Ihre Solarzellen-Paddel haben eine Spannweite von über 16 m. Sie verfügen über Transponder für das C- und das Ku-Band, die auch über Kreuz geschaltet werden können, so daß Signale in einem Band empfangen und im anderen gesendet werden können.

Die Intelsat-V-Satelliten sind auch leistungsstärker als ihre Vorgänger; sie liefern an den Bereichsgrenzen der Globalbeam-Ausleuchtung EIRP-Pegel von 23,5 dBW (im Vergleich zu 22 dBW).

Die Satelliten der Serie V-A sollten eigentlich schon 1986 ältere Satellitentypen ersetzen. Gegenwärtig befinden sich drei von ihnen im Orbit. Sie haben erneut eine höhere Kapazität – im wesentlichen im 4-GHz-Band. Sie erreichen an den Bereichsgrenzen des Spotbeams einen EIRP-Pegel von 32,5 dBW.

In Intelsat V-B sind noch Einrichtungen aufgenommen, die speziell für IBS (= International Business Service), einem digitalen Kommunikationsnetz, entwickelt wurden. Darüberhinaus verfügen sie über modifizierte Ku-Band-Kommunikations-Nutzlasten. Die geplanten Positionen auf 40,5° West und 56° West konnten bisher – aufgrund der Raketensituation – nicht eingenommen werden.

Das gleiche gilt für die neueste Satellitengeneration von Intelsat, die Serie VI (*Abb. 5.2.3*). Startbeginn sollte bereits im Herbst 1986 sein. Konstruiert von Hughes Aircraft, haben diese spinstabilisierten Satelliten die zweieinhalbfache Kapazität der Serien V. Erreicht wird dies durch zwei zusätzliche Zonenbeam-Transponder und zwei 72-MHz-Hemisphärenbeam-Transponder für den 3,6- bis 3,7-GHz-Bereich. Ferner enthalten die Satelliten zusätzliche Ku-Band-Transponder. Auch die Strahlungsleistung ist höher: bei Hemisphären- und Zonenbeams um 2 dB, bei Globalbeam um 3 dB.

Auf dem Gebiet der Bodenstationen hat Intelsat mehrere Standards festgelegt. Standard A umfaßte ursprünglich einen 30-m-Parabolspiegel für das 6/4-GHz-Band. Durch die höhere Leistung der Satelliten konnte der Spiegeldurchmesser auf 18 m

Abb. 5.2.3 Außenansicht des Intelsat VI

gesenkt werden. Mit diesen Antennen wird die Satellitenkapazität voll ausgenutzt. Diese Antennengröße erlaubt also beim Global-Spotbeam den Verkehr mit gleichartigen Bodenstationen. Welche beachtlichen Entfernungen das sein können, ergibt sich schon daraus, daß ein Intelsat-Satellit 42,4 % der gesamten Erdoberfläche ausleuchtet.

Bei Standard B beträgt der Antennendurchmesser 11 m, ebenfalls für das 6/4-GHz-Band. Sie eignet sich für Gebiete mit niedrigem bis mittlerem Verkehrsaufkommen.

Standard C ist für das 14/11-GHz-Band vorgesehen. Die Antennendurchmesser liegen zwischen 13 m und 15 m (früher 14 m und 19 m).

Die Standards D 1 und D 2 verlangen Antennengrößen zwischen 4,5 m und 11 m. Sie sind für sogenannte Vista-Telefonverbindungen vorgesehen.

Die Standards E 1, E 2, E 3, F 1, F 2 und F 3 werden für IBS (= International Business Service) benutzt. Die Antennendurchmesser betragen 3,5 bis 9 m.

Standard G ist für Intelnet, d. h. Datenübertragung, vorgesehen. Hier können Spiegel von nur 80 cm eingesetzt werden, die mit großen Antennen zusammenarbeiten.

Schließlich gibt es noch den Standard Z für private Dienste.

5.3. Intersputnik

Die Geschichte der sowjetischen Satelliten begann am 4. Oktober 1957 mit Sputnik 1, dem ersten Satelliten überhaupt *(Abb. 5.3.1)*. Sein Hauptzweck war, piep-piep-sendend die Erde zu umkreisen, und damit war er in Ost und West eine der größten Sensationen dieses Jahrhunderts: Das Weltraum-Zeitalter hatte begonnen.

Sputnik 1 hatte noch Meßanlagen für Dichte, Temperatur und Atmosphäre, für die Elektronendichte der Ionosphäre und für die Ausbreitung elektromagnetischer Wellen mit an Bord. Die Übermittlung der Daten erfolgte auf 20,005 MHz, also mitten im Kurzwellenband, und auf 40,002 MHz, also dicht unterhalb des Fernseh-Frequenzbandes 1. Sputnik 1 wog knapp 84 kg und hatte einen Durchmesser von 58 cm.

Den ersten Nachrichtensatelliten startete die UdSSR im Jahre 1965. Molnija hieß das Prachtstück mit einer Startmasse von 1000 kg und einem Durchmesser des mittleren Körpers von 1,58 m *(Abb. 5.3.2)*. Er beschrieb eine stark elliptische Umlaufbahn mit einer Inklinination von 63,4° und einem Perigäum von 500 km sowie einem Apogäum von 40 000 km. Dadurch konnte der Satellit während seiner zwölfstündigen Umlaufzeit acht Stunden lang für Fernmeldezwecke genutzt werden. Diese reichlich exotische Bahn ist zur Versorgung der nördlichen Landesteile, die von geostationären Satelliten nicht erreicht werden, erforderlich. Auch heute werden solche subsynchronen Satelliten noch betrieben.

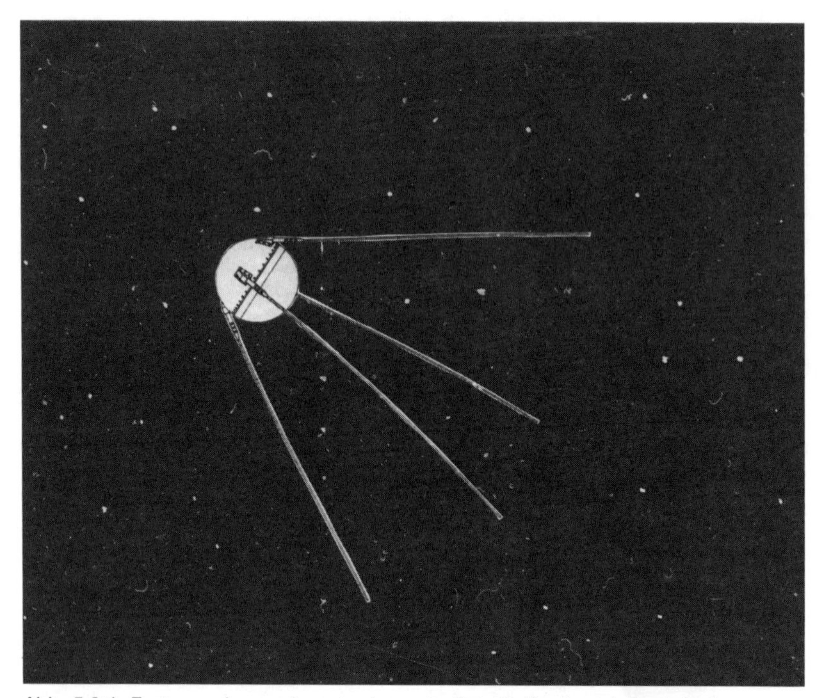

Abb. 5.3.1 Fast nur piepsen konnte der erste Satellit überhaupt: Sputnik 1

Abb. 5.3.2 Schon im Jahre 1965 begann für die Sowjets das Zeitalter der Nachrichtensatelliten mit Molnija-1, der eine stark elliptische Bahn beschrieb und den Norden der UdSSR mit Fernsehprogrammen versorgte

International trat die UdSSR auf dem Gebiet der Nachrichtensatelliten ab 1971 in Erscheinung. Damals gründete sie gemeinsam mit ihren Verbündeten eine internationale Organisation für Weltraum-Kommunikation und nannte sie Intersputnik. Diese Organisation koordiniert „die Bemühungen verschiedener Staaten zum Entwickeln, Errichten und Nutzen eines Satelliten-Kommunikationssystems, das dem internationalen Austausch von Radio- und Fernsehprogrammen, Telefonie, Telegrafie, Datenübertragung und weiteren Informationsübertragungen dienen soll". Jede Regierung kann Mitglied von Intersputnik werden, vorausgesetzt, daß sie die Grundsätze der Tätigkeiten der Organisation anerkennt und die aus dem Grunddokument von Intersputnik entstehenden Verpflichtungen übernimmt.

Gegenwärtig sind die nachstehenden 14 Staaten Mitglieder von Intersputnik: Afghanistan, Bulgarien, Ungarn, Vietnam, die DDR, die Demokratische Volksrepublik Jemen, die Volksrepublik Korea, Kuba, Laos, die Mongolei, Polen, Rumänien, die UdSSR und die CSSR.

Das Verwaltungsgremium von Intersputnik ist der Vorstand. Er besteht aus den Vertretern der Mitgliedsländer, wobei jedes Mitglied einen Vertreter und eine

Abb. 5.3.3 Statsionar-4 steht auf 14° West über dem Atlantik. Seine Masse beträgt 2,1 t

Stimme hat. Die Sitzungen des Gremiums finden mindestens einmal jährlich statt und werden turnusmäßig in jedem Land abgehalten.

Das ständige Exekutiv- und Verwaltungsorgan ist das vom Generaldirektor geleitete Direktorium. Die im Stab beschäftigten Mitarbeiter sind Angehörige der Mitgliedsländer.

Gegenwärtig hat Intersputnik zwei Geosynchronsatelliten angemietet: Statsionar-4 auf 14° West (Bereich Atlantischer Ozean, *Abb. 5.3.3*) und Statsionar-13 auf 80° Ost (Bereich Indischer Ozean).

Auf Statsionar-4 benutzt Intersputnik folgende Transponder:
7 Fernsehen
8 SCPC-Telefonie
9 Fernsehen
10 TDMA-Telefonie

Die geradzahligen Transponder senden hemisphärisch, die ungeradzahligen global. Empfangsseitig arbeiten alle Transponder global. In Kürze werden die Nutzung der Transponder 7 und 8 getauscht, also 7 für SCPC-Telefonie und 8 für Fernsehen. Damit wird für SCPC-Telefonie eine größere Ausbreitung erreicht.

Am 1. 9. 1986 bestand das Grundnetz aus 17 Bodenstationen *(Abb. 5.3.4)*. Elf davon, und zwar die in Algerien, Bulgarien, Ungarn, der DDR, der Demokratischen Volksrepublik Jemen, Nicaragua, Kuba, Irak, Polen, der UdSSR und der CSSR,

Abb. 5.3.4 Die polnische Bodenstation für den Verkehr mit Statsionar-4 ist typisch auch für die anderen Erdfunkanlagen

arbeiten über Statsionar-4; sechs Bodenstationen, das sind die in Afghanistan, Vietnam (2), Laos, Mongolei und wiederum der UdSSR, benutzen Statsionar-13. Die sowjetischen Bodenstationen dienen dabei als Relais für die verschiedenen Versorgungsgebiete.

Neue Bodenstationen werden in Kürze in Syrien, Libyen, Kampuchea und in der CSSR dazukommen, weitere sind geplant.

Damit jeder mit jedem in Telefonie und Telegrafie kommunizieren kann, wird nach dem Prinzip „1 Kanal pro Träger" gearbeitet. Strecken mit ausreichend hohem Verkehrsaufkommen benutzen das sogenannte TDMA-Multiplexverfahren mit 12- oder 60-Kanal-Gruppen. Fernsehprogramme können in PAL, Secam oder NTSC übertragen werden *(Abb. 5.3.5 und Abb. 5.3.6)*.

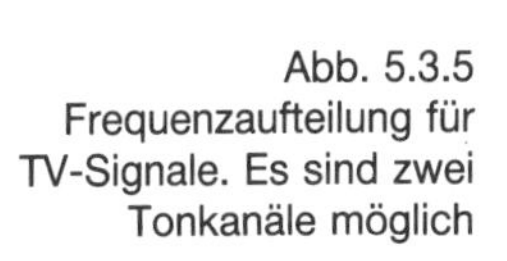

Abb. 5.3.5 Frequenzaufteilung für TV-Signale. Es sind zwei Tonkanäle möglich

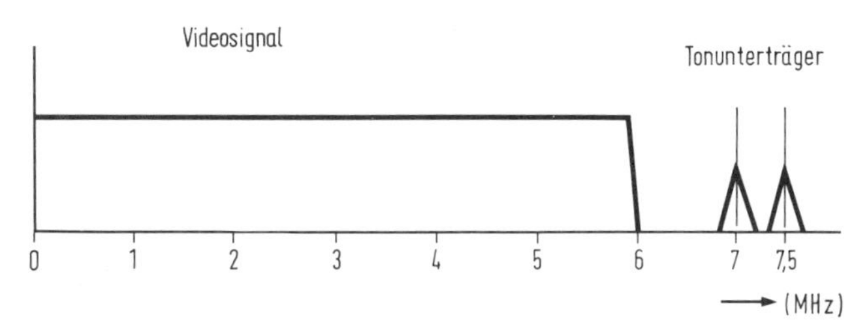

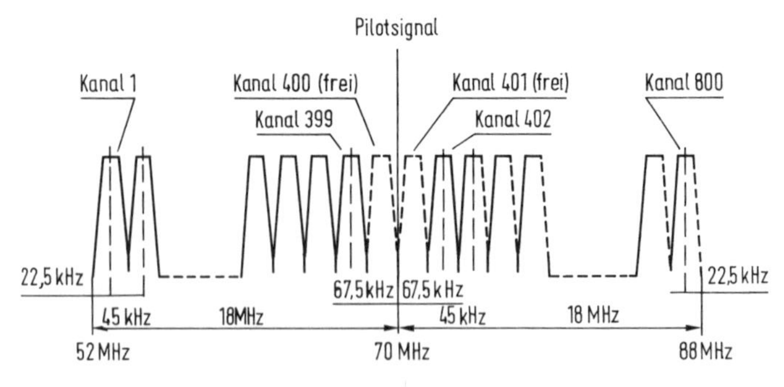

Abb. 5.3.6 Frequenzaufteilung bei der Übertragung von Telefoniesignalen

Intersputnik stellt die technischen Anlagen für den Programm- und Nachrichtenaustausch für die Intervision, dem östlichen Gegenpart zur Eurovision, bereit; alle Bodenstationen übertragen der Reihe nach die von den Fernsehorganisationen der entsprechenden Länder vorbereiteten Programme.

Bei den Bodenstationen beträgt der Durchmesser des Hauptparabolreflektors ca. 12 m. Dadurch wird ein G/T-Wert von mindestens 31 dB/° Kelvin gewährleistet, vorausgesetzt, daß ein parametrischer Verstärker mit einer Rauschtemperatur von 60...70 ° Kelvin eingesetzt wird. Die Ausgangsleistung der über einen Hochfrequenztransponder arbeitenden Sender beträgt bis zu 1...3 kW.

Die von Intersputnik eingesetzten Satelliten Statsionar-4 und -13 sind vom Typ Gorizont. Im Gegensatz zu den meisten Fernmeldesatelliten in der westlichen Welt, die pro Transponder weniger als 10 W abgeben, liefern die in den Gorizont-Satelliten eingebauten Wanderfeldröhren-Verstärker 15 W und 40 W und gehören eigentlich schon eher zu dem, was man bei uns unter Medium-Power-Satellit versteht. Dadurch ergeben sich für die äußeren Ausleuchtungszonen noch eine äquivalente Strahlungsleistung (EIRP) von 26 dBW für den Global-Beam und von sage und schreibe 48 dBW für den Spot-Beam. Damit ließe sich der auf 14 ° West stationierte Statsionar-4 in privaten Satellitenempfangsanlagen bereits mit 120-cm-Parabolantennen in hervorragender Qualität empfangen, wenn die sowjetischen Satelliten nicht im C-Band (Empfangsfrequenzen bei 6 GHz, Sendefrequenzen 4 GHz) arbeiten würden.

Zeitweise werden von Statsionar-4 auch Signale im 11-GHz-Band empfangen, und zwar unmoduliert auf 11,541 GHz und mit gelegentlichen TV-Ausstrahlungen auf 11,525 GHz.

Die Genehmigung zum Empfang der Fernsehprogramme über Statsionar-4 wird Einzelpersonen von den sowjetischen Behörden in der Regel nicht erteilt, wohl aber Gesellschaften. Auskünfte erteilt das Staatskomitee für Fernsehen und Rundfunk, 113326 Moskau, Pjatnizkaja Str. 25.

Die Gorizont-Satelliten sind für Global-, Hemisphären-, Zonen- und Spot-Beam-Ausleuchtung ausgelegt *(Abb. 5.3.7)*. Die beiden Statsionar-Satelliten erreichen in der nördlichen Hemisphäre ein Gebiet, das vom mittleren Westen der USA bis in das östliche Sibirien reicht, und in der südliche Hemisphäre werden im Grunde nur die Trauminseln der Südsee ausgeschlossen. Aber wer sieht dort schon fern...

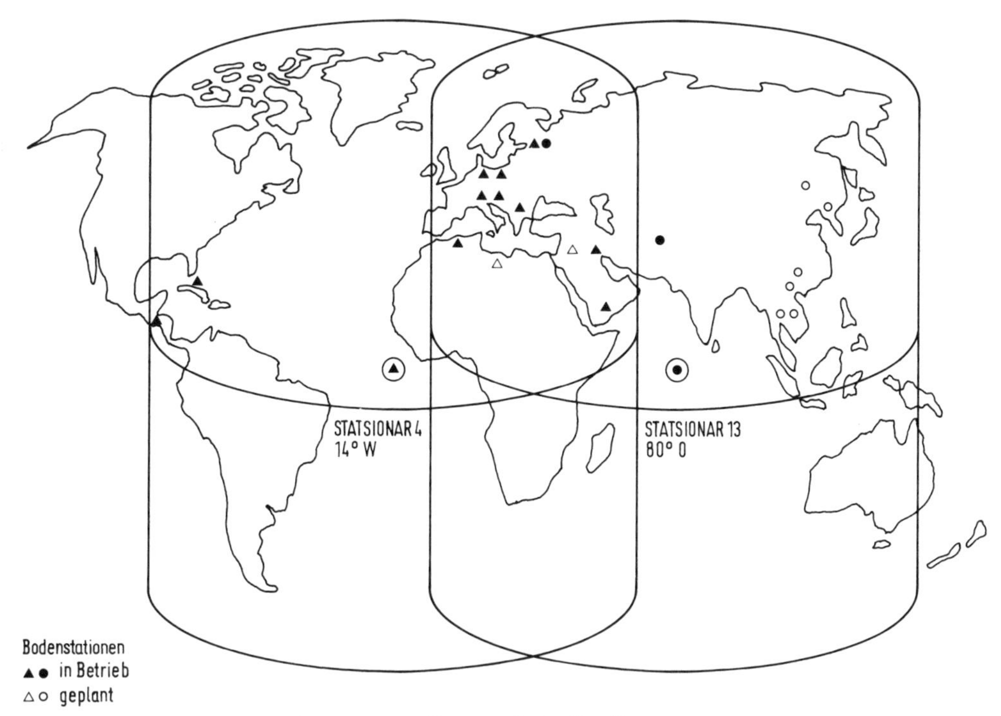

Abb. 5.3.7 Mögliche Ausleuchtungszonen für sowjetische Satelliten

Technische Daten des Satelliten Statsionar-4

Transponder-Bandbreite:	36 MHz	
Empfangsfrequenzbereich:	5925...6225 MHz	
Sendefrequenzbereich:	3650...3950 MHz	
Polarisation:	rechtsdrehende Zirkularpolarisation	
Frequenzplan:		
Transponder Nr.	Empfangs-frequenz (MHz)	Sende-frequenz (MHz)
7	6050	3725
8	6100	3775
9	6150	3825
10	6200	3875
EIRP (bei Sättigung):		
Transponder 7 und 9	28 dBW	
Transponder 8 und 10	31 dBW	
Antennengewinn:		
	Senden	Empfangen
Transponder 7 und 9	19 dB	19 dB
Transponder 8 und 10	22 dB	19 dB
Position:	14 ° West	
Starttermin:	30. Juni 1983	
Satellitentyp:	dreiachsenstabilisiert	
Startgewicht:	2,1 t	

5.4 SES – Société Européenne des Satellites

Das Luxemburger Konsortium Société Européenne des Satellites wird getragen von einer Reihe privater europäischer Unternehmen und bietet mit dem ASTRA-Satelliten seinen ebenfalls privaten Kunden 16 Kanäle zur Programmverteilung in Europa (siehe Kap. 3.3). Geplant ist der Betrieb von zwei Satelliten (einer ist im Orbit), wobei ASTRA 2 als Reserve gedacht ist. Beide Satelliten sind vom Typ RCA 4000.

Die Bodenstation steht in Schloß Betzdorf, einst Residenz des Großherzogs von Luxemburg. Die Verbindung mit den Satelliten erfolgt über zwei 11-m-Parabolspiegel *(Abb. 5.4.1)*.

Die Besonderheit dieses Unternehmens ist die Tatsache, daß hier erstmals in Europa ein privates Konsortium versucht, einen TV-Satelliten zu betreiben und zu vermarkten. Damit gibt es in Europa auch zum ersten Mal einen privaten Satellitenbetreiber, der Frequenzen innerhalb der Fernmeldefrequenzen nutzt.

Abb. 5.4.1 Bodenstation mit zwei 11-m-Parabolantennen der SES – Société Européenne des Satellites in Betzdorf/Luxemburg

5.5 Satellitenorganisationen in Amerika

In den USA werden Satelliten überwiegend von privaten Gesellschaften getragen, errichtet und betrieben. Die größten unter ihnen sind Hughes Communications, RCA Americom, GTE, SBS, AT & T und Western Union.

Begonnen hat das Zeitalter der sogenannten nationalen Kommunikationssatelliten im Jahre 1972 mit einem Satelliten von Western Union. Sein Erfolg ließ die Anzahl weiterer solcher Satelliten rasch wachsen. Sie arbeiteten zunächst alle im C-Band (6/4 GHz), bis im Jahre 1980 auch das Ku-Band (14/11 GHz) hinzu kam. Gerade das höherfrequente Ku-Band ermöglichte Satelliten mit höheren Sendeleistungen und vor allem kleinere Antennen am Boden.

Obwohl der Trend in den USA eindeutig jetzt auch zum Ku-Band geht, werden die meisten Sende- und Empfangsanlagen noch im C-Band betrieben. Im Jahre 1986 gab es nach Aussage von Steven D. Dorfman, Vizepräsident der Hughes Aircraft Company, Space and Communications Group, über 1,5 Mio. private Satellitenempfangsanlagen in den USA. 46 % aller TV-Haushalte empfangen darüberhinaus Kabelfernsehen.

Die drei großen amerikanischen Fernsehgesellschaften verteilen heute ihre Programme über Satellit und ersetzen damit die früheren terrestrischen Systeme. Die Hauptgründe hierfür sind geringere Betriebskosten und eine höhere Flexibilität bei der Programmgestaltung.

Natürlich werden die Satelliten in den USA auch für die Programmzuführung von Live-Veranstaltungen benutzt. Allein die Galaxy-Satelliten von Hughes Communication dienen jeden Samstag oder Sonntag 20 derartigen Übertragungen.

Hieraus haben sich auch spezielle TV-Dienste entwickelt. So werden beispielsweise Pferderennen aus allen Teilen des Landes nach Las Vegas übertragen, wo sie live mitverfolgt werden können.

Video-Konferenzen sind in den USA nichts Ungewöhnliches mehr. Sie werden sowohl im Geschäftsverkehr als auch im Bildungsbereich genutzt. IBM etwa schult Mitarbeiter und Kunden per Satelliten-TV an neuen Computersystemen.

Zu den Diensten gehören ferner Sprach- und Datenübertragungen. So erhalten rund 9000 Radio-Stationen den populären Muzak-Service per Satellit, und die Presseagenturen AP, UPI und Reuters senden ihre Nachrichten und Wirtschaftsmeldungen in 20 000 0,6-m-Parabolantennen.

Die großen Zeitungsverlage strahlen ihre Zeitungen digitalisiert über Satellit aus, so daß sie, entsprechend entschlüsselt, an jedem beliebigen Punkt der USA gedruckt werden können.

Schon seit 1980 gibt es in den USA auch die Datenübertragung per Satellit. Vorreiter war IBM mit dem Satellite Business System (SBS), einer Anwendung, die heute von vielen weiteren Firmen genutzt wird.

ARCO ist ein Beispiel für die Datenübertragung von Forschungsinseln in Alaska zu den Rechenzentren in Texas. Die ausgewerteten Ergebnisse erhalten die Ingenieure auf diesen Inseln ebenfalls per Satellit zurück, so daß sie darüber fast augenblicklich und nicht erst nach Tagen verfügen können.

Für die Datenübertragung per Satellit stellen in den USA auch darauf spezialisierte Firmen ihre Dienste zur Verfügung, so etwa die Electronic Data Systems Corporation (EDS).

Und schließlich werden auch in Amerika alle Satelliten in erheblichem Umfang für Telefonieübertragungen genutzt.

5.5.1 Hughes Communication

Die Satelliten von Hughes Communication heißen Galaxy *(Abb. 5.5.1)*. Sie sind positioniert auf 74° West (Galaxy II), 93,5° West (Galaxy III) und 134° West (Galaxy I). Sie empfangen ausschließlich auf 6 GHz und senden auf 4 GHz. Die Satelliten verfügen über jeweils 24 Transponder.

Die Galaxy-Satelliten sind spin-stabilisiert. Ihre Oberfläche ist von zwei konzentrischen, zylindrischen Solarpaneelen bedeckt. Diese Paneele drehen sich mit 50 Umdrehungen pro Minute, während sich Antennen und Kommunikationseinheit entgegengesetzt bewegen, so daß sie immer auf den gleichen Punkt auf der Erde fixiert sind.

Galaxy ist etwas über 3 m hoch. Mit den ausgefahrenen Antennen und Solarpaneelen bringt er es im Orbit auf über 7 m bei rund 2 m Durchmesser. Am Lebensdauerende, das frühestens nach neun Betriebsjahren erwartet wird, sollen noch 741 W aus den Sonnenbatterien verfügbar sein.

Das Galaxy-Satellitensystem erreicht das Mutterland der USA und auch Alaska, Hawaii und die Karibischen Inseln. Sein Operations-Kontrollzentrum befindet sich in El Segundo (Kalifornien) in der Nähe von Los Angeles.

Hughes Communication beabsichtigt, 1989 einen direktstrahlenden Satelliten (DBS) auf die Position 101° West zu bringen. Er wird über 32 Fernsehkanäle verfügen und mit zwei 100-W-Wanderfeldröhren bestückt sein. Der Satellit arbeitet auf 17/12 GHz, er sendet also auf dem auch in Europa für DBS üblichen Bereich. Das bedeutet aber auch, daß er mit 60-cm-Parabolspiegeln zu empfangen sein wird.

5.5.2 GTE Spacenet Corporation

Ebenfalls drei Satelliten umfaßt das GTE Spacenet Satelliten-System. Sie sind auf 69° West (Spacenet II), 87° West (Spacenet III) und 120° West (Spacenet I) positioniert.

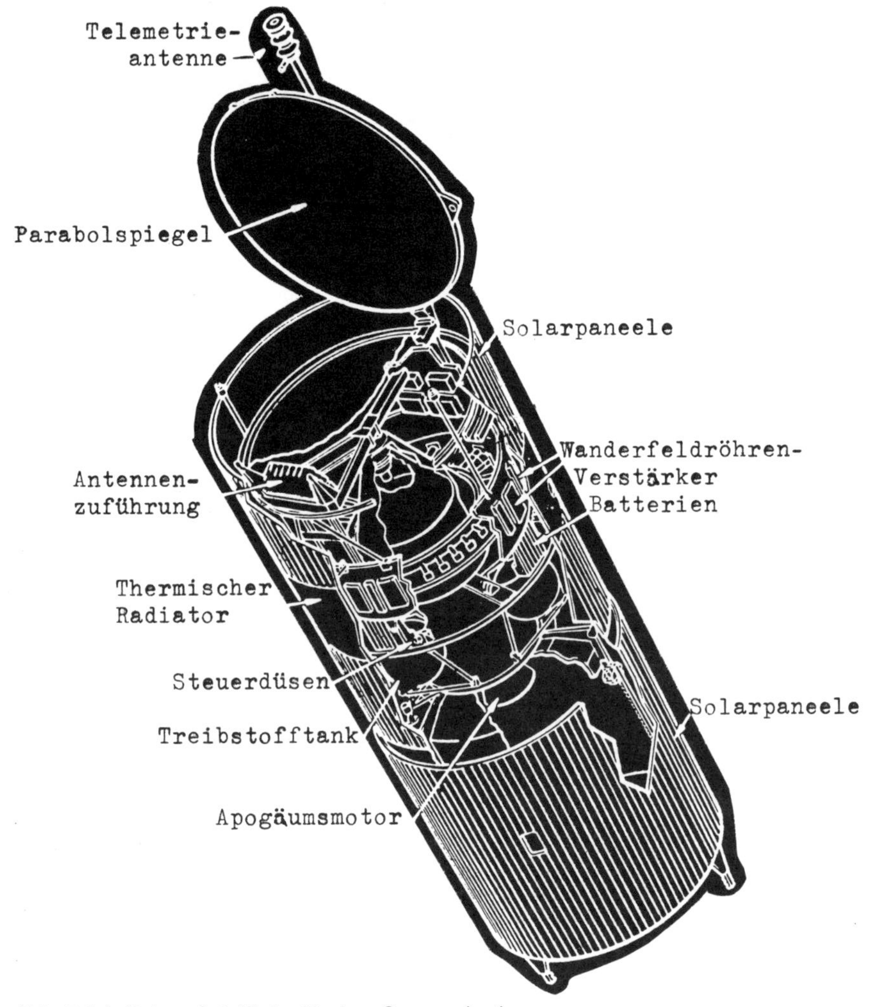

Abb. 5.5.1 Galaxy-Satellit der Hughes Communication

Sie wiegen jeweils 692 kg im Orbit und sind dreiachsenstabilisiert. Ihre Lebensdauer beträgt mindestens zehn Jahre.

Spacenet-Satelliten arbeiten im C- und im Ku-Band. Sie verfügen über zwölf 36-MHz-Transponder und sechs 72-MHz-Transponder im C-Band sowie über sechs 72-MHz-Transponder im Ku-Band. Hersteller ist RCA Astro-Electronics. Die Boden-Kontrollstation befindet sich in McLean (Virginia) *(Abb. 5.5.2)*.

Ein weiteres Satellitensystem der GTE Spacenet Corporation heißt GStar. Es umfaßt ebenfalls drei Satelliten und arbeitet ausschließlich im Ku-Band. Die Orbit-Positionen sind 103° West (GStar I), 105° West (GStar II) und 136° West (GStar III).

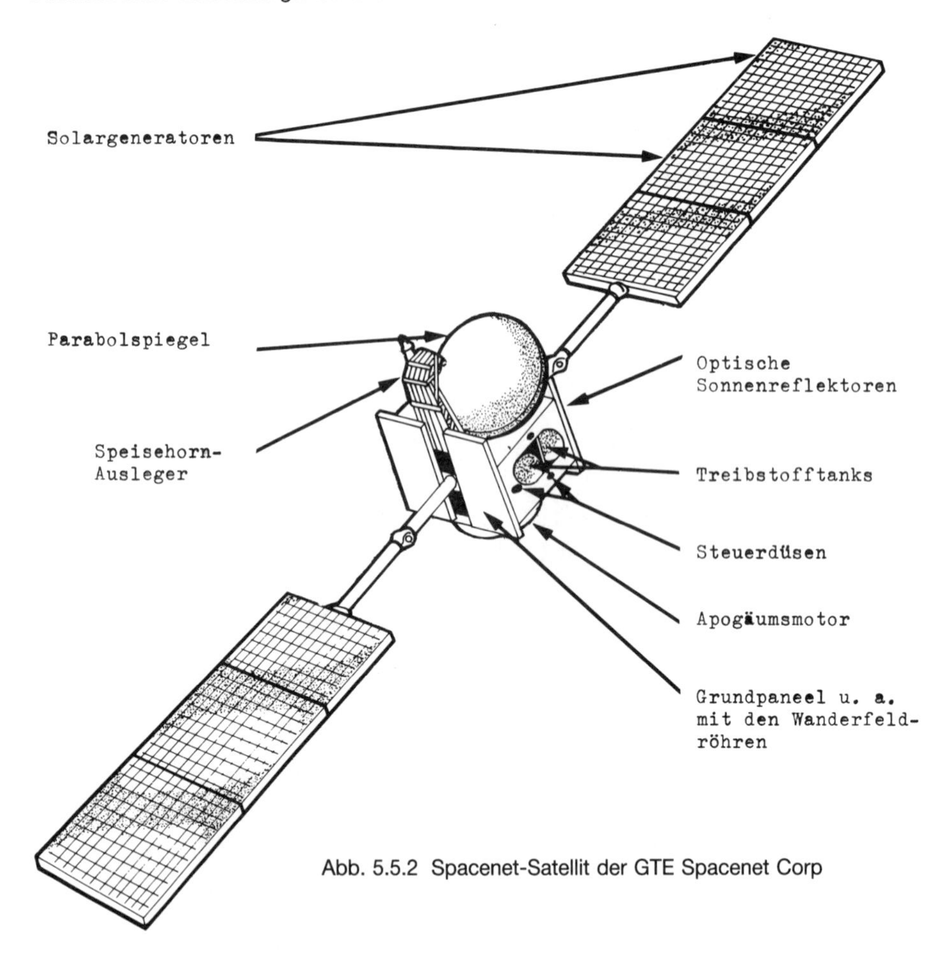

Abb. 5.5.2 Spacenet-Satellit der GTE Spacenet Corp

Sie wiegen jeweils 715 kg im Orbit und sind wie die Spacenet-Serie, mit der sie weitgehend baugleich sind, ebenfalls dreiachsenstabilisiert.

Die GStars enthalten jeweils 16 54-MHz-Transponder, von denen 14 mit 20-W-Wanderfeldröhren arbeiten und zwei mit 27-W-Wanderfeldröhren. Sie ergänzen das Spacenet-System zu einem kompatiblen C- und Ku-Band-System. Daher befindet sich auch ihre Bodenkontrollstation in McLean (Virginia).

5.5.3 Western Union

Fünf Satelliten umfaßt das Satellitensystem der Western Union Westar Satellite Service, von denen allerdings einer, Westar I, nicht mehr betriebsfähig ist. Mit ihm hatte allerdings die Western Union das Zeitalter der amerikanischen nationalen

Kommunikationssatelliten eingeläutet. Überhaupt erbrachte diese Gesellschaft einige Pionierleistungen in der noch jungen Geschichte der Kommunikationssatelliten: 1975 die ersten Übertragungen eines Nachrichtenreports und einer Live-Sportveranstaltung via Satellit, 1978 der erste Einsatz eines Satelliten zur Programmverteilung, im gleichen Jahr die erste Fernsehprogrammübertragung in Digitaltechnik von Küste zu Küste, und im Jahre 1982 war Western Union die erste Satellitengesellschaft mit fünf Satelliten im Orbit zur Nutzung für Geschäftszwecke, Programmveranstaltern und Kabelnetzbetreibern.

Die beiden Satelliten Westar II und III sind vom Typ HS-333A der Hughes Aircraft Company. Sie haben die Positionen 79° West und 91° West. Sie arbeiten ausschließlich im C-Band und verfügen über jeweils zwölf Transponder mit 36 MHz Bandbreite. Jeder Transponder eignet sich zur Übertragung von 7200 Einweg Sprechverbindungen, einem Farbfernsehprogramm oder Digitalsignalen mit maximal 64 MBit/s.

Abb. 5.5.3 Westar-Satellit vom Typ HS-376 G (Hughes Aircraft)

In den Staaten beträgt die Strahlungsleistung EIRP 35 dBW. Die Solarpaneele liefern nach sieben Jahren Betriebszeit noch mehr als 262 W.

Im Jahre 1982 nahm Western Union zwei weitere Satelliten in Betrieb, Westar IV und Westar V *(Abb. 5.5.3)*, ebenfalls hergestellt von der Hughes Aircraft Company (Typ HS-376G). Diese Satelliten (Positionen im Orbit: 99° West und 122,5° West) haben 24 Transponder mit 36 MHz Bandbreite und eine Strahlungsleistung EIRP von 36 dBW. Auch diese Satelliten arbeiten ausschließlich im C-Band.

Nach 10 Jahren Betriebszeit liefern die Solarpaneele noch 686 Watt. Die Übertragungsmöglichkeiten pro Transponder sind mit denen von Westar II und III identisch. Das Boden-Kontrollzentrum befindet sich in Glenwood/N.J. *(Abb. 5.5.4)*.

5.5.4 Federal Express Corporation

Neu in das US-amerikanische Satellitengeschäft will ab 1990 die Federal Express Corporation mit zwei Satelliten vom Typ 5000, hergestellt von RCA Astro Electronics, einsteigen. Die Satelliten sind dreiachsen-stabilisiert. Sie verfügen über jeweils 24 Transponder, davon acht mit 54 MHz Bandbreite, die übrigen mit 27 MHz Bandbreite. Sie arbeiten ausschließlich im Ku-Band und bieten je nach geografischer Lage und verwendetem Beam eine EIRP von 42 bis 55 dBW.

Abb. 5.5.4 Bodenstation der Western Union

Die Stromversorgung erfolgt über vier solarstromgespeiste Nickel-Wasserstoff-Batterien. Ihre Leistungsabgabe soll nach zehn Jahren Betriebszeit noch bei 3600 W (zu Beginn 4200 W) liegen.

5.5.5 Telesat Canada

Der allererste nationale Kommunikationssatellit wurde 1972 von der kanadischen Gesellschaft Telesat Canada in Betrieb genommen. Wie seine Folgetypen Anik A2 und A3 verfügte Anik A1 über zwölf Transponder für jeweils 960 Einweg-Sprechverbindungen oder ein Farbfernsehprogramm im C-Band. Anik B wurde 1978 gestartet und hatte zusätzlich vier weitere Kanäle im Ku-Band. Das Wort Anik kommt aus der Sprache der Eskimos und bedeutet „Bruder".

Mit den Satellitenserien Anik C (Start ab 1982) und Anik D (Start ebenfalls ab 1982) wurden die beiden ersten Serien durch modernere Satellitentypen ersetzt. Heute betreibt Telesat Canada drei Satelliten vom Typ Anik C und zwei vom Typ Anik D. Die Anik-C-Satelliten arbeiten ausschließlich im Ku-Band (14/12 GHz) und die Anik-D-Satelliten ausschließlich im C-Band (6/4 GHz).

Abb. 5.5.5a Die neue Zentrale von Telesat Canada wurde am 24. Mai 1987 in Betrieb genommen. Sie überwacht auch 60 der 230 Bodenstationen (Foto: Telesat Canada)

Beide Satellitenserien haben den HS 376 von Hughes Aircraft Company als Grundlage (Abb. 5.5.3). In ihren technischen Daten sind sie gleichwohl recht unterschiedlich. So verfügen die Anik-C-Satelliten über 16 Transponder (Anik D: 24), haben eine Strahlungsleistung EIRP von 46,3 dBW (Anik D: 36 dBW), und die Orbitmasse beträgt 632 kg (Anik D: 661 kg).

Telesat Canada ist ein privates Unternehmen, dessen Anteile sich auf die kanadische Regierung, die Fernmeldeorganisationen und die Öffentlichkeit aufteilt. Neben der Ausstrahlung und Verteilung von Fernsehprogrammen werden auch Telefon- und Datenübertagungen sowie Audio- und Videokonferenzübermittlungen angeboten. Weitere Dienste sind die Übertragung von Bildungsprogrammen für Universitäten und die Anwendung von Satelliten für telemedizinische Zwecke.

Telesat Canada betreibt ein Netz von 230 Erdstationen im ganzen Land *(Abb. 5.5.5)*. Das Kontrollzentrum befindet sich in Allan Park, Ontario.

Abb. 5.5.5b Mit 50 U/min rotiert Anik C3, der am 12. November 1982 vom Space Shuttle „Columbia" ins All entlassen wurde und dann mittels eines eigenen Raketenmotors in die Orbitposition in 35 800 km Höhe gelangte (Foto: Telesat Canada)

6 TV-Satelliten

In diesem Kapitel sind alle uns bekannten TV-Satelliten aufgeführt, gleichgültig, ob Fernmelde-, Medium-Power- oder Direktempfangs-Satelliten. Die Satelliten können außer für TV-Programme auch für andere Dienste eingesetzt werden.

Die Tabelle beginnt bei 0° West und endet an der gleichen Stelle. Die in Europa empfangbaren Satelliten haben wir, soweit möglich, mit Ausleuchtungsdiagrammen versehen. Diese Ausleuchtungsdiagramme machen unmittelbar eine Aussage über den notwendigen Mindest-Durchmesser des Parabolspiegels – speziell für private Satellitenempfangsanlagen. Für professionelle Anlagen sind diese Werte zu verdoppeln.

Leistungsangaben werden als EIRP in dBW gemacht. Man versteht darunter die äquivalente Isotropstrahlerleistung (equivalent isotropically radiated power), also diejenige Sendeleistumg, die bei einem Kugelstrahler die gleiche Strahlungsintensität bewirken würde wie die Richtantenne. Die Angaben für Sende- und Empfangsfrequenzen beziehen sich immer auf den Satelliten; heißt es beispielsweise Sendefrequenz 11 GHz, dann bedeutet dies, daß der Satellit auf 11 GHz sendet.

Verwendete Abkürzungen:

rdz = rechtsdrehende Zirkularpolarisation
ldz = linksdrehende Zirkularpolarisation
h = horizontal
v = vertikal

1° West

Intelsat V-A F-12

Nachrichtenteil

Strahlungsleistung (EIRP) an der Ausleuchtungsgrenze:
29 dBW bei Zonenbeam (C-Band)
29 dBW bei Hemisphärenbeam (C-Band)
23 dBW bei Globalbeam (C-Band)
44 dBW für Spotbeam West
41 dBW für Spotbeam Ost

Sendefrequenzen:	3,704...4,198 GHz
	10,954...11,698 GHz
Empfangsfrequenzen:	5,929...6,423 GHz
	14,004...14,498 GHz
Übertragungskanäle:	4 Kanäle mit 36 MHz Bandbreite (C-Band)
	16 Kanäle mit 72 MHz (C-Band)
	6 Kanäle mit 72 MHz Bandbreite (Ku-Band)
	2 Kanäle mit 241 MHz Bandbreite (Ku-Band)

Satellitendaten

Gewicht:	964 kg
Verlustleistung:	1475 W
Telemetriefrequenzen:	3,9475 GHz und 3,9525 GHz (C-Band)
	11,200 GHz und 11,450 GHz (Ku-Band)
Starttermin:	September 1985
Raketentyp:	Atlas Centaur
Lebensdauer mind.:	7 Jahre

Transponder

Sende-frequenz (GHz)	Polarisation	Beam	Tonsubträger (MHz)	Bemerk. (Programme u. ä.)
11,015	h	Westspot	6,6	TV S
11,132	h	Westspot		TV S: TV 1; C-MAC
11,178	h	Westspot		TV S: TV 2; C'MAC
11,698	h	Westspot	6,6	TV N: Test

5° West

Telecom F3 (Telecom 1B, Frankreich)

Nachrichtenteil

Strahlungsleistung (EIRP) im Mutterland:
mind. 28,5 dBW (C-Band)
mind. 47 dBW (Ku-Band)

Sendefrequenzen:	12,504...12,750 GHz
	3,700...4,195 GHz
Empfangsfrequenzen:	14,004...14,250 GHz
	5,925...6,420 GHz
Übertragungskanäle:	2 mit 40 MHz Bandbreite (C-Band)
	2 mit 120 MHz Bandbreite (C-Band)
	6 (Ku-Band)

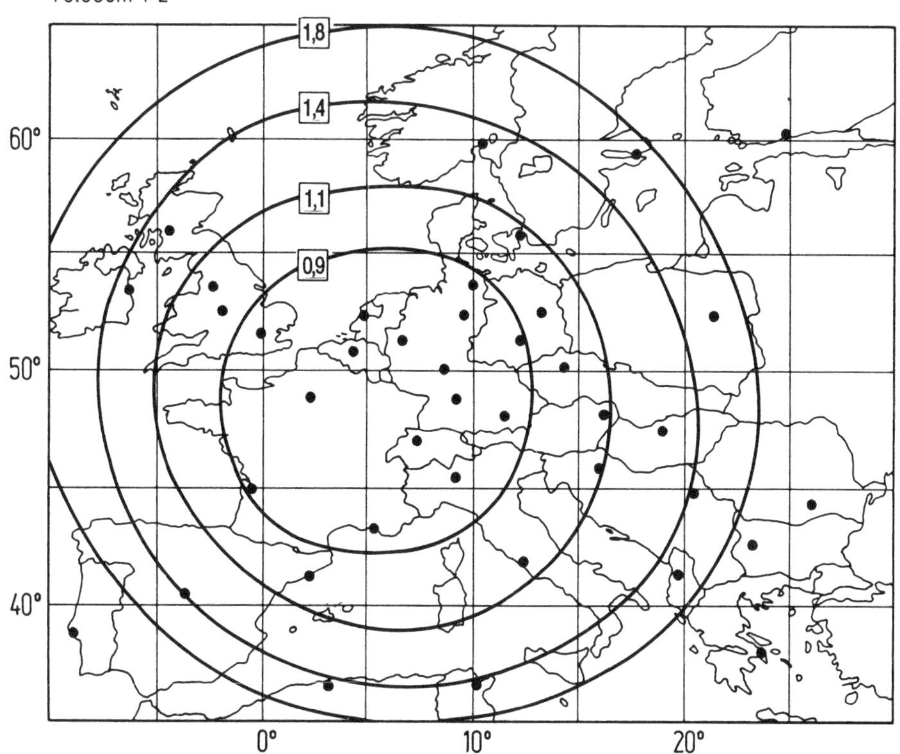

Satellitendaten

Gewicht:	670 kg
Verlustleistung:	1100 W
Telemetriefrequenzen:	3,970 GHz und 3,975 GHz
Starttermin:	Mai 1985
Raketentyp:	Ariane
Lebensdauer mind.:	7 Jahre

Transponder

Sende-frequenz (GHz)	Polarisation	Beam	Tonsubträger (MHz)	Bemerk. (Programme u. ä.)
12,522	v	Ostspot	5,80	TV F: M6; Secam
			6,85+	Radio: Europe 1, Stereo,
			8,20	(Telspace)
			6,40+	Radio: Aquarelle
			7,25	FM, Stereo (Telspace)
12,564	v	Ostspot	5,80	TV F: Antenne 2
12,606	v	Ostspot	5,80	TV: La Cinq; Secam
			6,85+	Radio: RTL
			8,20	Stereo (Telspace)
			7,75	Radio: AFP (Telspace)
12,648	v	Ostspot	5,80	Telecom
			6,40+	Radio: NRJ
			7,25	(Telspace)
			6,85	Radio: Radio Monte Carlo (Telspace)
			7,75+	Radio: Radio FM,
			8,70	Stereo (Telspace)
			8,20	Radio: Radio Côte d'Azur (Telspace)
12,688	v	Ostspot	5,80	Telecom
12,732	v	Ostspot	5,80	TV F: Canal J; PAL

8° West

Telecom F1 (Telecom 1A, Frankreich)

Nachrichtenteil

Strahlungsleistung (EIRP) über Frankreich (Mutterland):
mind. 47,5 dBW (Ku-Band)
mind. 28,5 dBW (C-Band)

Sendefrequenzen:	12,504...12,750 GHz 3,700...4,195 GHz
Empfangsfrequenzen:	14,004...14,250 5,925...6,420
Übertragungskanäle:	2 Kanäle mit 40 MHz Bandbreite (C-Band) 2 Kanäle mit 120 MHz Bandbreite (C-Band) 6 (Ku-Band)

Satellitendaten

Gewicht:	670 kg
Verlustleistung:	1100 W
Telemetriefrequenzen:	3,970 GHz und 3,975 GHz (C-Band)
Starttermin:	August 1984
Raketentyp:	Ariane
Lebensdauer mind.:	7 Jahre

Sende-frequenz (GHz)	Polarisation	Beam	Tonsubträger (MHz)	Bemerk. (Programme u. ä.)
12,522	v	Ostspot	5,80	Telecom: Video
12,606	v	Ostspot	5,80	Telecom: Video
12,648	v	Ostspot	5,80	Telecom: Video
12,688	v	Ostspot	5,80	Telecom: Video
12,732	v	Ostspot	digital	Radio: Europe 2
				Radio: Fun FM
				Radio: Kiss FM
				Radio: NRJ Radio Energie
				Radio: R. France 1
				Radio: R. France 2
				Radio: Radio Nostalgie
				Radio: Radio Sky Rock
				Radio: Sky Rock

11° West

Gorizont 12 (UdSSR)

Nachrichtenteil

Strahlungsleistung (EIRP) an der Ausleuchtungsgrenze:	25,4 dBW bei Globalbeam 28,4 dBW bei Hemisphärenbeam 31,0 dBW bei Zonenbeam 42,0 dBW für Europa-Spot-Beam 40 dBW für Europa (Ku-Band Spot-Beam)
Sendefrequenzen:	3,650...3,950 GHz 11,541 GHz
Empfangsfrequenzen:	5,925...6,225 GHz
Übertragungskanäle:	7 (5 mit 15 W, 1 Spotbeam mit 40 W, 1 Ku-Band mit 5 W)

Satellitendaten

Gewicht:	2120 kg
Starttermin:	10. Juni 1986
Raketentyp:	Proton D-1-E
Lebensdauer:	mind. 5 Jahre

14° West

Gorizont 15 (UdSSR)

Gorizont 15 entspricht Gorizont 12

18,5° West

Intelsat V F-6

Nachrichtenteil

Strahlungsleistung (EIRP) an der Ausleuchtungsgrenze:
- 29 dBW bei Zonenbeam (C-Band)
- 29 dBW bei Hemisphärenbeam (C-Band)
- 23 dBW bei Globalbeam (C-Band)
- 44 dBW für Spotbeam West
- 41 dBW für Spotbeam Ost

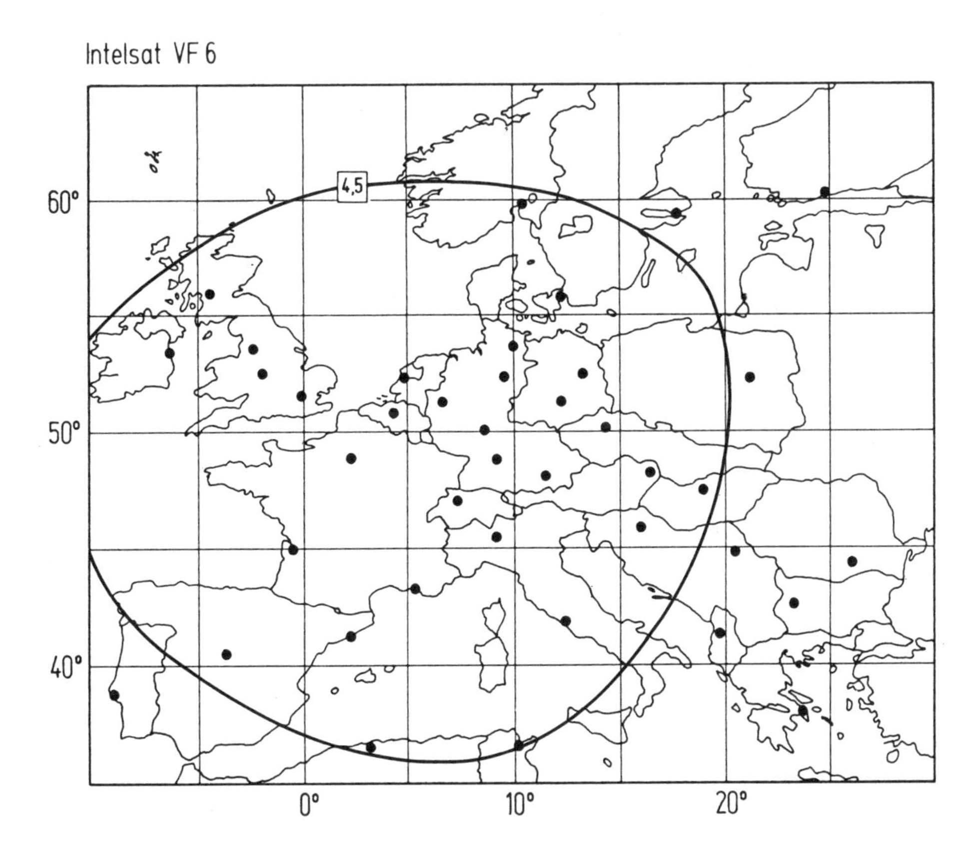

Sendefrequenzen:	3,704...4,198 GHz 10,954...11,698 GHz
Empfangsfrequenzen:	5,929...6,423 GHz 14,004...14,498 GHz
Übertragungskanäle:	4 Kanäle mit 36 MHz Bandbreite (C-Band) 16 Kanäle mit 72 MHz (C-Band) 6 Kanäle mit 72 MHz Bandbreite (Ku-Band) 2 Kanäle mit 241 MHz Bandbreite (Ku-Band)

Satellitendaten

Gewicht:	964 kg
Verlustleistung:	1475 W
Telemetriefrequenzen:	3,9475 GHz und 3,9525 GHz (C-Band) 11,200 GHz und 11,450 GHz (Ku-Band)
Starttermin:	Mai 1983
Raketentyp:	Delta
Lebensdauer mind.:	7 Jahre

19° West

TDF 1A und TDF 1B (Frankreich)

für Direktempfang

Nachrichtenteil

Strahlungsleistung (EIRP):	63,5 dBW
Sendefrequenzen:	11,7...12,1 GHz
Empfangsfrequenzen:	17,3...17,7 GHz
Übertragungskanäle:	4 mit 27 MHz Bandbreite und rechtsdrehender Zirkularpolarisation
Fernsehsystem:	D2-MAC

TDF-1 (Frankreich)

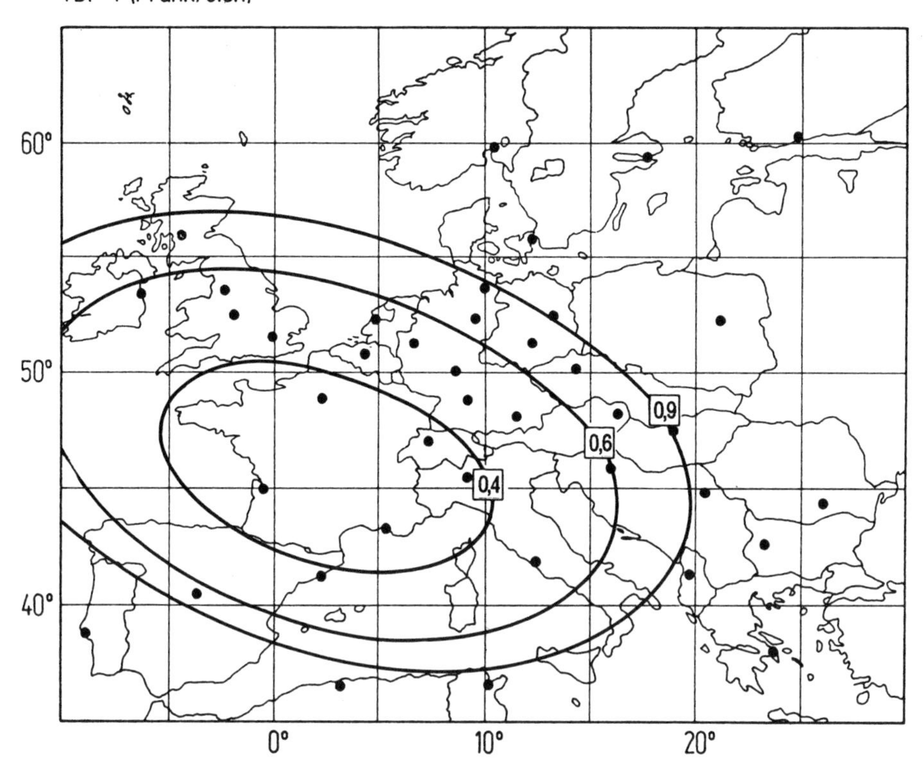

Satellitendaten

Gewicht:	1190 kg
Leistungsaufnahme:	3000 W
Starttermin:	Oktober 1988 und 1989
Raketentyp:	Ariane
Lebensdauer mind.:	9 Jahre

Transponder

Sende-frequenz (GHz)	Polarisation	Beam	Tonsubträger (MHz)	Bemerk. (Programme u. ä.)
11,727	rdz	–	digital	TV F: Test D2-MAC
11,804	rdz	–	digital	TV F: Test D2-MAC
12,881	rdz	–	digital	TV F: La Sept D2-MAC
11,958	rdz	–	digital	TV F: Test D2-MAC
12,034	rdz	–	digital	Reserve

19° West

Olympus (ESA)

für Direktempfang

Nachrichtenteil

Strahlungsleistung (EIRP) an der Ausleuchtungsgrenze:
- 59 dBW für Direktempfang
- 44 dBW (Ku-Band)
- 52 dBW (19 GHz)

Sendefrequenzen:	12,0...12,75 GHz
	18,9...19,5 GHz
Empfangsfrequenzen:	17,1...17,85 GHz
	28,05...28,65 GHz

Olympus

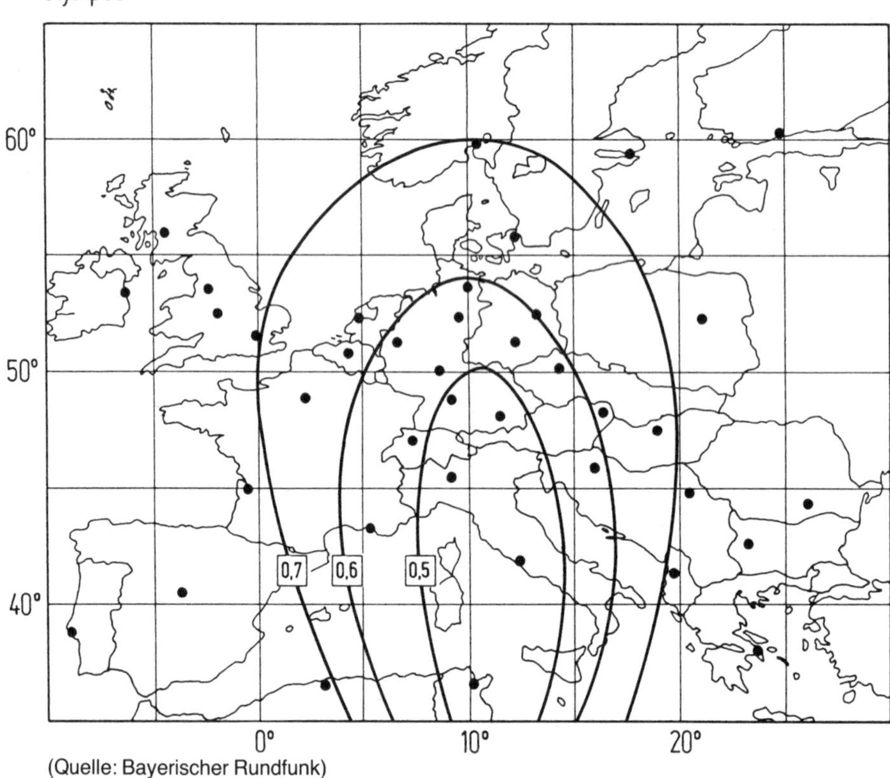

(Quelle: Bayerischer Rundfunk)

Übertragungskanäle:	2 für TV-Direktempfang mit 27 MHz Bandbreite und rechtsdrehender Zirkularpolarisation (1 Kanal für Italien) 4 Low-Power mit 18 MHz Bandbreite (Ku-Band) 3 Low-Power mit 240 und 1700 MHz Bandbreite (20 GHz)

Satellitendaten

Gewicht:	2300 kg
Leistungsaufnahme:	3500 W
Starttermin:	Mai 1989
Raketentyp:	Ariane
Lebensdauer mind.:	10 Jahre

Transponder

Sende-frequenz (GHz)	Polarisation	Beam	Tonsubträger (MHz)	Bemerk. (Programme u. ä.)
12,092	Idz	–		TV Europa
12,145	Idz	–		Reserve
12,169	Idz	–		TV I

19° West

SARIT 1 und SARIT 2 (Italien)

für Direktempfang

Diese Satelliten sollen auf den Erfahrungen Italiens mit Olympus aufbauen. Eine Vereinbarung mit der ESA sieht vor, den gleichen Satellitentyp zu verwenden.

Nachrichtenteil

Strahlungsleistung (EIRP):	57 dBW
Sendefrequenzen:	11,7...12,5 GHz (für Direktempfang)
	17,1...17,85 (für Fernmeldeanwendungen)
Übertragungskanäle:	2 oder 3 für TV-Direktempfang mit rechtsdrehender Zirkularpolarisation

Satellitendaten

Gewicht:	2300 kg
Leistungsaufnahme:	3500 W
Starttermin:	1990
Raketentyp:	Ariane
Lebensdauer mind.:	10 Jahre

Sendefrequenzen

Kanal Nr.	Frequenz (GHz)
24	12,16862
28	12,24534
32	12,32206
36	12,39878
40	12,47550

19° West

TV-SAT 2 (Bundesrepublik Deutschland)

für Direktempfang

Nachrichtenteil

Strahlungsleistung (EIRP):	66 dBW
Sendefrequenzen:	11,7...12,5 GHz
Empfangsfrequenzen:	17,7...18,1 GHz
Übertragungskanäle:	5 für TV mit 27 MHz Bandbreite. Linksdrehende Zirkularpolarisation. Es können jedoch aus Energiegründen nur vier Kanäle gleichzeitig betrieben werden.
Fernsehsystem:	D2-MAC

TV-SAT (Bundesrepublik Deutschland)

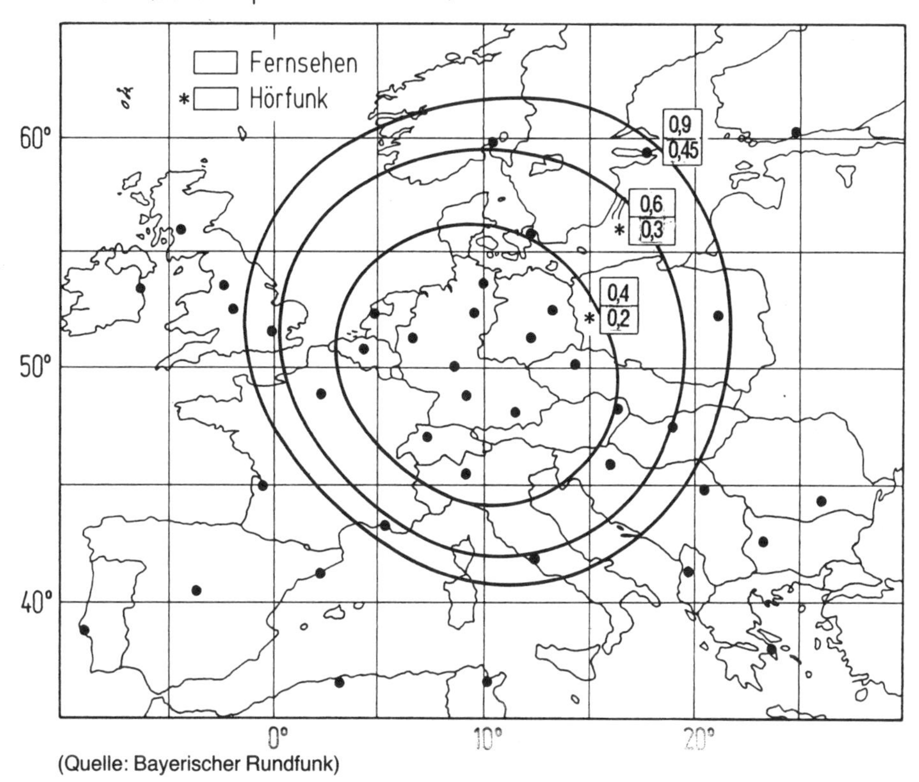

(Quelle: Bayerischer Rundfunk)

Satellitendaten

Gewicht:	1190 kg
Leistungsaufnahme:	3000 W
Telemetriefrequenzen:	11,700...11,714 GHz und 12,489...12,500 GHz
Starttermin:	August 1989
Raketentyp:	Ariane
Lebensdauer mind.:	7 Jahre

Transponder

Sende-frequenz (GHz)	Polarisation	Beam	Tonsubträger (MHz)	Bemerk. (Programme u. ä.)
11,747	Idz	–	digital	TV D: RTL Plus (D2-MAC)
11,823	Idz	–	digital	TV D: SAT 1 (D2-MAC)
11,900	Idz	–	digital	TV D (D2-MAC)
11,977	Idz	–	digital	TV D: 3 SAT (D2-MAC)
12,054	Idz	–	digital	TV D: ARD 1 Plus (D2-MAC)

Das Programm auf der Frequenz 11,900 GHz lag bei Redaktionsschluß noch nicht fest.

21,5° West

Intelsat V F-2

Nachrichtenteil

Strahlungsleistung (EIRP) an der Ausleuchtungsgrenze:	29 dBW bei Zonenbeam (C-Band)
	29 dBW bei Hemisphärenbeam (C-Band)
	23 dBW bei Globalbeam (C-Band)
	44 dBW für Spotbeam West
	41 dBW für Spotbeam Ost

Sendefrequenzen:	3,704...4,198 GHz 10,954...11,698 GHz
Empfangsfrequenzen:	5,929...6,423 GHz 14,004...14,498 GHz
Übertragungskanäle:	4 Kanäle mit 36 MHz Bandbreite (C-Band) 16 Kanäle mit 72 MHz (C-Band) 6 Kanäle mit 72 MHz Bandbreite (Ku-Band) 2 Kanäle mit 241 MHz Bandbreite (Ku-Band)

Satellitendaten

Gewicht:	964 kg
Verlustleistung:	1475 W
Telemetriefrequenzen:	3,9475 GHz und 11,450 GHz (Ku-Band)
Starttermin:	Dezember 1980
Raketentyp:	Delta
Lebensdauer mind.:	7 Jahre

24,5° West

Intelsat V-A F-10

Nachrichtenteil

Strahlungsleistung (EIRP) an der Ausleuchtungsgrenze:
29 dBW bei Zonenbeam (C-Band)
29 dBW bei Hemisphärenbeam (C-Band)
23 dBW bei Globalbeam (C-Band)
44 dBW für Spotbeam West
41 dBW für Spotbeam Ost

Sendefrequenzen:	3,704...4,198 GHz 10,954...11,698 GHz

Empfangsfrequenzen:	5,929...6,423 GHz 14,004...14,498 GHz
Übertragungskanäle:	4 Kanäle mit 36 MHz Bandbreite (C-Band) 16 Kanäle mit 72 MHz (C-Band) 6 Kanäle mit 72 MHz Bandbreite (Ku-Band) 2 Kanäle mit 241 MHz Bandbreite (Ku-Band)

Satellitendaten

Gewicht:	964 kg
Verlustleistung:	1475 W
Telemetriefrequenzen:	3,9475 GHz und 3,9525 GHz (C-Band) 11,200 GHz und 11,450 GHz (Ku-Band)
Starttermin:	März 1985
Lebensdauer mind.:	7 Jahre

27,5° West

Intelsat V-A F-11

Dieser Satellit weist die gleichen technischen Daten und Einrichtungen auf wie der Intelsat zuvor.

Transponder

Sende-frequenz (GHz)	Polarisation	Beam	Tonsub-träger (MHz)	Bemerk. (Programme u. ä.)
11,015	h	Westspot	6,6	TV GB: Premiere/The Childrens Channel
11,135	h	Westspot	6,6	TV GB: Kindernet/Lifestyle/ Screensport
11,155	v	Westspot	6,6	TV USA: CNN Network
11,175	h	Westspot	6,65	TV GB: BBC Europe
				TV GB, USA: Discovery Channel
			7,02	Radio GB: BBC engl.
			7,20	Radio GB: BBC World Service
11,591	h	Westspot	digital	TV GB: TV 3 (B-MAC)
				TV S: Satellite Information Services (B-MAC)
11,650	h	Westspot	6,6	TV GB: Arts Channel

Intelsat V

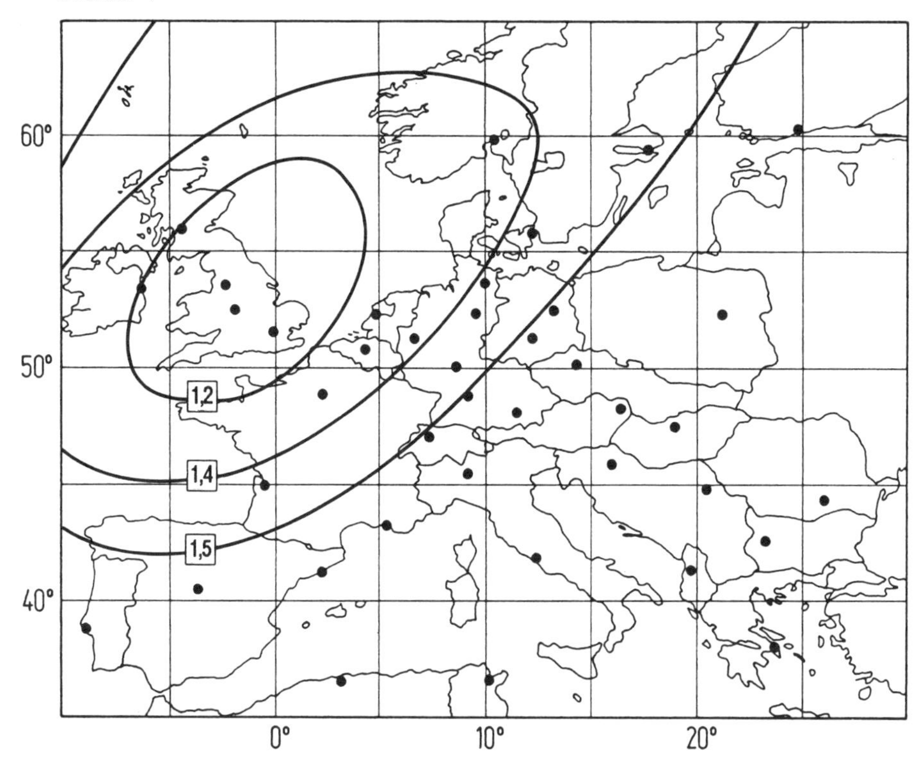

31° West

BSB 1 Marco Polo

(Großbritannien)

Nachrichtenteil

Strahlungsleistung (EIRP):	63,5 dBW
Sendefrequenzen:	11,7...12,1 GHz
Übertragungskanäle:	5 mit 27 MHz Bandbreite und rechtsdrehender Zirkularpolarisation
Fernsehsystem:	D-MAC

Sende-frequenz (GHz)	Polarisation	Beam	Tonsub-träger (MHz)	Bemerk. (Programme u. ä.)
11,785	rdz	–	digital	TV GB (D-MAC)
11,862	rdz	–	digital	TV GB (D-MAC)
11,938	rdz	–	digital	TV GB (D-MAC)
12,015	rdz	–	digital	TV GB (D-MAC)
12,092	rdz	–	digital	TV GB (D-MAC)

34,5° West

Intelsat V F-4

Nachrichtenteil

Strahlungsleistung (EIRP) an der Ausleuchtungsgrenze:
29 dBW bei Zonenbeam (C-Band)
29 dBW bei Hemisphärenbeam (C-Band)
23 dBW bei Globalbeam (C-Band)
44 dBW für Spotbeam West
41 dBW für Spotbeam Ost

Sendefrequenzen: 3,704...4,198 GHz
10,954...11,698 GHz

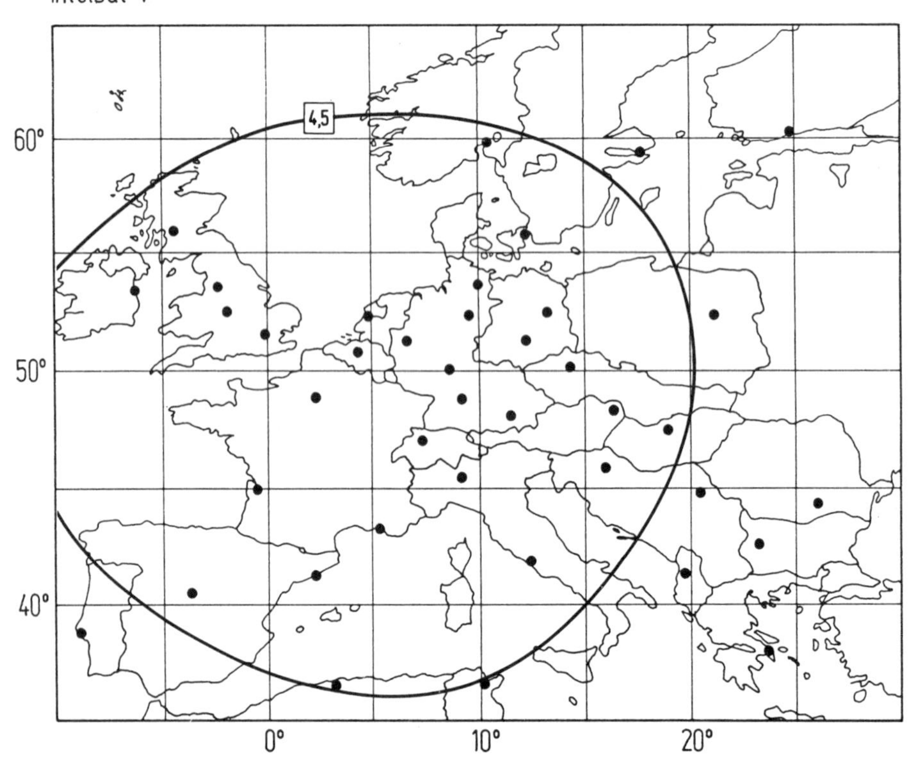

Empfangsfrequenzen:	5,929...6,423 GHz
	14,004...14,498 GHz
Übertragungskanäle:	4 Kanäle mit 36 MHz Bandbreite (C-Band)
	16 Kanäle mit 72 MHz (C-Band)
	6 Kanäle mit 72 MHz Bandbreite (Ku-Band)
	2 Kanäle mit 241 MHz Bandbreite (Ku-Band)

Satellitendaten

Gewicht:	964 kg
Verlustleistung:	1475 W
Telemetriefrequenzen:	3,9475 GHz und 3,9525 GHz (C-Band)
	11,200 GHz und 11,450 GHz (Ku-Band)
Starttermin:	März 1982
Raketentyp:	Delta
Lebensdauer mind.:	7 Jahre

45° West

PanAmSat 1 (USA)

Nachrichtenteil

Strahlungsleistung (EIRP):	
	25...35 dBW für Kontinentalbeam
	34...39 dBW für
Spotbeam	
Sendefrequenzen:	3,704...4,198 GHz
	10,954...11,698 GHz
Empfangsfrequenzen:	5,929...6,423 GHz
	14,004...14,498 GHz
Übertragungskanäle:	12 Kanäle mit 36 MHz Bandbreite (C-Band)
	6 Kanäle mit 72 MHz (C-Band)
	6 Kanäle mit 72 MHz Bandbreite (Ku-Band)

Satellitendaten

Gewicht:	692 kg
Verlustleistung:	1235 W
Starttermin:	Mai 1988
Lebensdauer mind.:	10 Jahre

Transponder

Sende-frequenz (GHz)	Polarisation	Beam	Tonsubträger (MHz)	Bemerk. (Programme u. ä.)
11,515	h	Ostspot	6,80	TV Mexico, USA: Galavision

53° West

Intelsat V-B F-13

Nachrichtenteil

Strahlungsleistung (EIRP) an der Ausleuchtungsgrenze:
29 dBW bei Zonenbeam (C-Band)
29 dBW bei Hemisphärenbeam (C-Band)
23 dBW bei Globalbeam (C-Band)
44 dBW für Spotbeam West
41 dBW für Spotbeam Ost

Sendefrequenzen:	3,704...4,198 GHz
	10,954...11,698 GHz
Empfangsfrequenzen:	5,929...6,423 GHz
	14,004...14,498 GHz
Übertragungskanäle:	4 Kanäle mit 36 MHz Bandbreite (C-Band)
	16 Kanäle mit 72 MHz (C-Band)
	6 Kanäle mit 72 MHz Bandbreite (Ku-Band)
	2 Kanäle mit 241 MHz Bandbreite (Ku-Band)

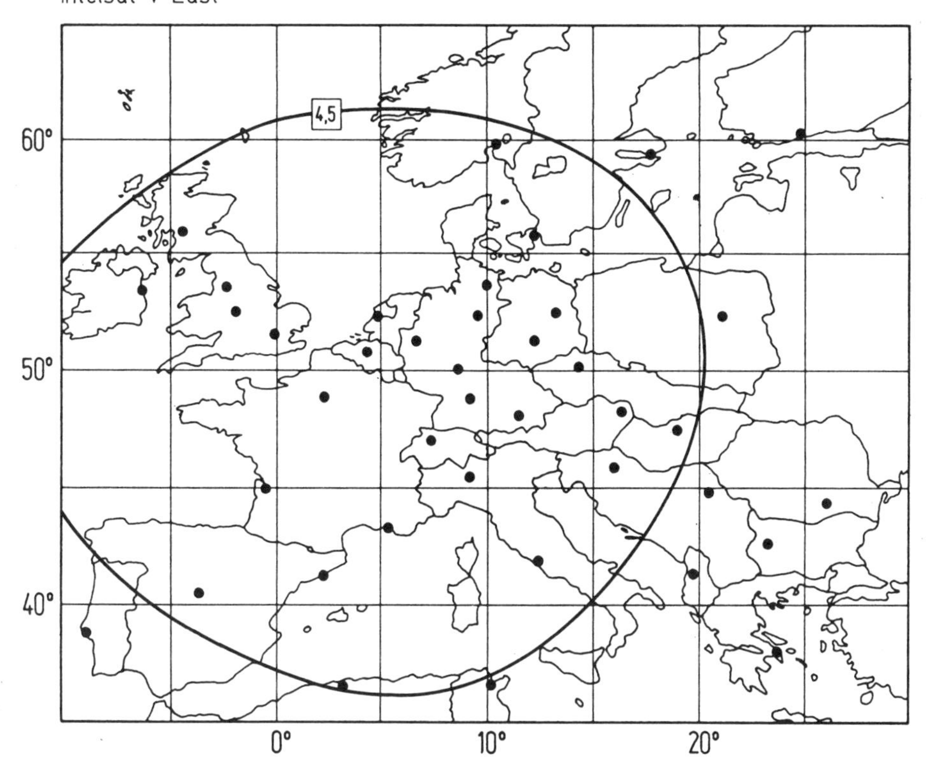

Satellitendaten

Gewicht:	964 kg
Verlustleistung:	1475 W
Telemetriefrequenzen:	3,9475 GHz und 3,9525 GHz (C-Band)
	11,200 GHz und 11,450 GHz (Ku-Band)
Lebensdauer mind.:	7 Jahre

65° West

Brasilsat

Nachrichtenteil

Strahlungsleistung (EIRP):	36 dBW
Sendefrequenzen:	3,700...4,200 GHz
Empfangsfrequenzen:	5,925...6,425 GHz
Übertragungskanäle:	24
TV-Kanäle:	5 (brasilianisch)

Satellitendaten

Gewicht:	1140 kg
Leistungsaufnahme:	800 W
Starttermin:	1985
Raketentyp:	Ariane
Lebensdauer mind.:	8 Jahre

69° West

Spacenet II (GTE Spacenet Corporation, USA)

Nachrichtenteil

Strahlungsleistung (EIRP):	Ku-Band 44 dBW, C-Band mind. 35 dBW für USA
Sendefrequenzen:	11,7...12,2 GHz (Ku-Band)
	3,7...4,2 GHz (C-Band)
Empfangsfrequenzen:	14,0...14,5 GHz (Ku-Band)
	5,9...6,4 GHz (C-Band)
Übertragungskanäle:	24

Satellitendaten

Gewicht:	692 kg
Leistungsaufnahme:	1300 W
Starttermin:	November 1984
Raketentyp:	Ariane
Lebensdauer mind.:	10 Jahre

72° West

Satcom F2R (RCA Americom, USA)

Nachrichtenteil

Strahlungsleistung (EIRP):	max. 35 dBW
Empfangsfrequenzen:	5,9...6,4 GHz
Sendefrequenzen:	3,7...4,2 GHz
Übertragungskanäle:	24
TV-Kanäle:	1

Satellitendaten

Gewicht:	587 kg
Leistungsaufnahme:	1050 W
Starttermin:	1983
Raketentyp:	Delta
Lebensdauer mind.:	10 Jahre

74° West

Galaxy II (Hughes Communications, USA)

Nachrichtenteil

Strahlungsleistung (EIRP):	max. 34 dBW
Empfangsfrequenzen:	5,9...6,4 GHz
Sendefrequenzen:	3,7...4,2 GHz
Übertragungskanäle:	24
TV-Kanäle:	2

Satellitendaten

Gewicht:	654 kg
Leistungsaufnahme:	990 W
Starttermin:	September 1983
Raketentyp:	Delta
Lebensdauer mind.:	9 Jahre

77 ° West

Expresstar II (Federal Express Corporation, USA)

Nachrichtenteil

Strahlungsleistung (EIRP):	max. 55 dBW
Sendefrequenzen:	14,0...14,5 GHz
Empfangsfrequenzen:	11,7...12,2 GHz
Übertragungskanäle:	24
TV-Kanäle:	24

Satellitendaten

Gewicht:	1415 kg
Leistungsaufnahme:	3600 W (am Ende der Lebensdauer)
Starttermin:	1990
Raketentyp:	noch unbestimmt
Lebensdauer mind.:	10 Jahre

79° West

Westar III (Western Union Telegraph Company, USA)

Nachrichtenteil

Strahlungsleistung (EIRP):	max. 33 dBW
Empfangsfrequenzen:	5,9...6,4 GHz
Sendefrequenzen:	3,7...4,2 GHz
Übertragungskanäle:	12
TV-Kanäle:	4

Satellitendaten

Gewicht:	297 kg
Leistungsaufnahme:	300 W
Starttermin:	1979
Lebensdauer mind.:	7 Jahre

83 ° West

Satcom F4 (RCA Americom, USA)

Nachrichtenteil

Strahlungsleistung (EIRP):	max. 33 dBW
Empfangsfrequenzen:	5,9...6,4 GHz
Sendefrequenzen:	3,7...4,2 GHz
Übertragungskanäle:	24
TV-Kanäle:	23

Satellitendaten

Gewicht:	590 kg
Leistungsaufnahme:	740 W
Starttermin:	Januar 1982
Raketentyp:	Delta
Lebensdauer mind.:	10 Jahre

86° West

Telstar 302 (AT & T Communications, USA)

Nachrichtenteil

Strahlungsleistung (EIRP):	max. 34 dBW
Empfangsfrequenzen:	5,9...6,4 GHz
Sendefrequenzen:	3,7...4,2 GHz
Übertragungskanäle:	24
TV-Kanäle:	2

Satellitendaten

Gewicht:	654 kg
Leistungsaufnahme:	990 W
Starttermin:	September 1983
Raketentyp:	Delta
Lebensdauer mind.:	9 Jahre

87° West

Spacenet III (GTE Spacenet Corporation, USA)

Nachrichtenteil

Strahlungsleistung (EIRP):	max. 49 dBW
Sendefrequenzen:	11,7...12,2 GHz (Ku-Band)
	3,7...4,2 GHz (C-Band)
Empfangsfrequenzen:	14,0...14,5 GHz (Ku-Band)
	5,9...6,4 GHz (C-Band)
Übertragungskanäle:	24
TV-Kanäle:	1

Satellitendaten

Gewicht:	692 kg
Leistungsaufnahme:	1300 W
Starttermin:	1988 (?)
Raketentyp:	Ariane
Lebensdauer mind.:	10 Jahre

91° West

Westar VI-S (Western Union Telegraph Company, USA)

Nachrichtenteil

Strahlungsleistung (EIRP):	max. 35 dBW
Empfangsfrequenzen:	5,9...6,4 GHz
Sendefrequenzen:	3,7...4,2 GHz
Übertragungskanäle:	24

Satellitendaten

Gewicht:	652 kg
Leistungsaufnahme:	869 W (am Lebensdauerende)
Starttermin:	1987
Lebensdauer mind.:	10 Jahre

93,5° West

Galaxy III (Hughes Communications, USA)

Nachrichtenteil

Strahlungsleistung (EIRP):	max. 34 dBW
Empfangsfrequenzen:	5,9...6,4 GHz
Sendefrequenzen:	3,7...4,2 GHz
Übertragungskanäle:	24
TV-Kanäle:	3

Satellitendaten

Gewicht:	654 kg
Leistungsaufnahme:	990 W
Starttermin:	September 1984
Raketentyp:	Delta
Lebensdauer mind.:	9 Jahre

96° West

Telstar 301 (AT & T Communications, USA)

Nachrichtenteil

Strahlungsleistung (EIRP):	max. 34 dBW
Empfangsfrequenzen:	5,9...6,4 GHz
Sendefrequenzen:	3,7...4,2 GHz
Übertragungskanäle:	24
TV-Kanäle:	15

Satellitendaten

Gewicht:	654 kg
Leistungsaufnahme:	990 W
Starttermin:	1983
Raketentyp:	Space Shuttle
Lebensdauer mind.:	10 Jahre

99° West

Westar IV (Western Union Telegraph Company, USA)

Nachrichtenteil

Strahlungsleistung (EIRP):	max. 34 dBW
Empfangsfrequenzen:	5,9...6,4 GHz
Sendefrequenzen:	3,7...4,2 GHz
Übertragungskanäle:	24
TV-Kanäle:	10

Satellitendaten

Gewicht:	584 kg
Leistungsaufnahme:	822 W
Starttermin:	April 1982
Raketentyp:	Delta
Lebensdauer mind.:	10 Jahre

101 ° West

Galaxy DBS-1 und DBS-2 (Hughes Communications, USA)

Nachrichtenteil

Strahlungsleistung (EIRP):	57 dBW
Sendefrequenzen:	12,2...12,7 GHz
Empfangsfrequenzen:	17,3...17,8 GHz
Übertragungskanäle:	32
TV-Kanäle:	32

Satellitendaten

Leistungsaufnahme:	4000 W
Starttermin:	1989
Lebensdauer mind.:	10 Jahre

103° West

G-Star I (GTE Spacenet Corporation, USA)

Nachrichtenteil

Strahlungsleistung (EIRP):	max. 50 dBW
Sendefrequenzen:	11,7...12,2 GHz
Empfangsfrequenzen:	14,0...14,5 GHz
Übertragungskanäle:	16

Satellitendaten

Gewicht:	715,3 kg
Leistungsaufnahme:	1900 W (am Lebensdauerbeginn)
Starttermin:	Mai 1985
Raketentyp:	Ariane
Lebensdauer mind.:	10 Jahre

104,5°; 110,5° West

Anik D1, D2 (Telesat Canada)

Nachrichtenteil

Strahlungsleistung (EIRP):	max. 36 dBW
Empfangsfrequenzen:	5,9...6,4 GHz
Sendefrequenzen:	3,7...4,2 GHz
Übertragungskanäle:	24
TV-Kanäle:	24

Satellitendaten

Gewicht:	633 kg
Leistungsaufnahme:	1000 W
Starttermin:	August 1982; November 1984
Raketentyp:	Delta
Lebensdauer mind.:	10 Jahre

105° West

G-Star II (GTE Spacenet Corporation, USA)

Nachrichtenteil

Strahlungsleistung (EIRP):	max. 50 dBW
Sendefrequenzen:	11,7...12,2 GHz
Empfangsfrequenzen:	14,0...14,5 GHz
Übertragungskanäle:	16

Satellitendaten

Gewicht:	715,3 kg
Leistungsaufnahme:	1900 W (am Lebensdauerbeginn)
Starttermin:	1988 (?)
Raketentyp:	Ariane
Lebensdauer mind.:	10 Jahre

107,5°; 110°; 117,5° West

Anik C3, C2, C1 (Telesat Canada)

Nachrichtenteil

Strahlungsleistung (EIRP):	max. 46,5 dBW
Sendefrequenzen:	11,7...12,2 GHz
Empfangsfrequenzen:	14,0...14,5 GHz
Übertragungskanäle:	16
TV-Kanäle:	8

Satellitendaten

Gewicht:	632 kg
Leistungsaufnahme:	1135 W
Starttermin:	November 1982, Juni 1983, April 1985
Raketentyp:	Space Shuttle
Lebensdauer mind.:	10 Jahre

107,5°; 110,5° West

Anik E (Telesat Canada)

Anik E1 und E2 werden nach 1990 gestartet. Es sollen die leistungsfähigsten Satelliten auf der Welt werden. Genaue technische Daten liegen noch nicht vor (Foto: Telesat Canada).

120° West

Spacenet I (GTE Spacenet Corporation, USA)

Nachrichtenteil

Strahlungsleistung (EIRP):	max. 38 dBW
Sendefrequenzen:	11,7...12,2 GHz (Ku-Band)
	3,7...4,2 GHz (C-Band)
Empfangsfrequenzen:	14,0...14,5 GHz (Ku-Band)
	5,9...6,4 GHz (C-Band)
Übertragungskanäle:	24
TV-Kanäle:	7

Satellitendaten

Gewicht:	692 kg
Leistungsaufnahme:	1298 W
Starttermin:	1984
Raketentyp:	Ariane
Lebensdauer mind.:	10 Jahre

122,5° West

Westar V (Western Union Telegraph Company, USA)

Nachrichtenteil

Strahlungsleistung (EIRP):	max. 34 dBW
Empfangsfrequenzen:	5,9...6,4 GHz
Sendefrequenzen:	3,7...4,2 GHz
Übertragungskanäle:	24
TV-Kanäle:	13

Satellitendaten

Gewicht:	584 kg
Leistungsaufnahme:	820 W
Starttermin:	1982
Raketentyp:	Delta
Lebensdauer mind.:	10 Jahre

124° West

Expresstar I (Federal Express Corporation, USA)

Nachrichtenteil

Strahlungsleistung (EIRP):	max. 55 dBW
Sendefrequenzen:	14,0...14,5 GHz
Empfangsfrequenzen:	11,7...12.2 GHz
Übertragungskanäle:	24
TV-Kanäle:	24

Satellitendaten

Gewicht:	1415 kg
Leistungsaufnahme:	3600 W (am Ende der Lebensdauer)
Starttermin:	1990
Raketentyp:	noch unbestimmt
Lebensdauer mind.:	10 Jahre

127° West

Comstar D4 (Comsat General Corp., USA)

Nachrichtenteil

Strahlungsleistung (EIRP):	max. 33 dBW
Empfangsfrequenzen:	5,9...6,4 GHz
Sendefrequenzen:	3,7...4,2 GHz
Übertragungskanäle:	24
TV-Kanäle:	6

Satellitendaten

Gewicht:	790 kg
Leistungsaufnahme:	610 W
Starttermin:	1981
Raketentyp:	Atlas Centaur
Lebensdauer mind.:	7 Jahre

131° West

Satcom F3R (RCA Americom, USA)

Nachrichtenteil

Strahlungsleistung (EIRP):	max. 33 dBW
Empfangsfrequenzen:	5,9...6,4 GHz
Sendefrequenzen:	3,7...4,2 GHz
Übertragungskanäle:	24
TV-Kanäle:	21

Satellitendaten

Gewicht:	590 kg
Leistungsaufnahme:	740 W
Starttermin:	November 1981
Raketentyp:	Delta
Lebensdauer mind.:	10 Jahre

134° West

Galaxy I (Hughes Communications, USA)

Nachrichtenteil

Strahlungsleistung (EIRP):	max. 34 dBW
Empfangsfrequenzen:	5,9...6,4 GHz
Sendefrequenzen:	3,7...4,2 GHz
Übertragungskanäle:	24
TV-Kanäle:	24

Satellitendaten

Gewicht:	654 kg
Leistungsaufnahme:	990 W
Starttermin:	Juni 1983
Raketentyp:	Delta
Lebensdauer mind.:	9 Jahre

136° West

G-Star III (GTE Spacenet Corporation, USA)

Nachrichtenteil

Strahlungsleistung (EIRP):	max. 50 dBW
Sendefrequenzen:	11,7...12,2 GHz
Empfangsfrequenzen:	14,0...14,5 GHz
Übertragungskanäle:	16

Satellitendaten

Gewicht:	715,3 kg
Leistungsaufnahme:	1900 W (am Lebensdauerbeginn)
Starttermin:	1988 (?)
Raketentyp:	Ariane
Lebensdauer mind.:	10 Jahre

139° West

Satcom F1R (RCA Americom, USA)

Nachrichtenteil

Strahlungsleistung (EIRP):	max. 35 dBW
Empfangsfrequenzen:	5,9...6,4 GHz
Sendefrequenzen:	3,7...4,2 GHz
Übertragungskanäle:	24
TV-Kanäle:	10

Satellitendaten

Gewicht:	590 kg
Leistungsaufnahme:	1050 W
Starttermin:	1982
Raketentyp:	Delta
Lebensdauer mind.:	10 Jahre

143° West

Satcom F5 (RCA Americom, USA)

Nachrichtenteil

Strahlungsleistung (EIRP):	max. 35 dBW
Empfangsfrequenzen:	5,9...6,4 GHz
Sendefrequenzen:	3,7...4,2 GHz
Übertragungskanäle:	24
TV-Kanäle:	6

Satellitendaten

Gewicht:	590 kg
Leistungsaufnahme:	1050 W
Starttermin:	Oktober 1982
Raketentyp:	Delta
Lebensdauer mind.:	9 Jahre

180° Ost

Intelsat V F-8

Nachrichtenteil

Strahlungsleistung (EIRP) an der Ausleuchtungsgrenze:
29 dBW bei Zonenbeam (C-Band)
29 dBW bei Hemisphärenbeam (C-Band)
23 dBW bei Globalbeam (C-Band)
44 dBW für Spotbeam West
41 dBW für Spotbeam Ost

Sendefrequenzen:	3,704...4,198 GHz
	10,954...11,698 GHz
Empfangsfrequenzen:	5,929...6,423 GHz
	14,004...14,498 GHz
Übertragungskanäle:	4 Kanäle mit 36 MHz Bandbreite (C-Band)
	16 Kanäle mit 72 MHz (C-Band)
	6 Kanäle mit 72 MHz Bandbreite (Ku-Band)
	2 Kanäle mit 241 MHz Bandbreite (Ku-Band)

Satellitendaten

Gewicht:	964 kg
Verlustleistung:	1475 W
Telemetriefrequenzen:	3,9475 GHz und 3,9525 GHz (C-Band)
	11,200 GHz und 11,450 GHz (Ku-Band)
Starttermin:	März 1984
Raketentyp:	Ariane
Lebensdauer mind.:	7 Jahre

177° Ost (zeitweise)

Intelsat IV-A F-3

Nachrichtenteil

Strahlungsleistung (EIRP) an der Ausleuchtungsgrenze:
29 dBW Spotbeam
22 dBW bei Globalbeam
26 dBW bei Hemisphärenbeam

Sendefrequenzen:	3,707...4,193 GHz
Empfangsfrequenzen:	5,932...6,418 GHz
Übertragungskanäle:	20 (u.a. TV USA, Australien, Japan, AFRTS)

Satellitendaten

Gewicht:	825,5 kg
Leistungsaufnahme:	595 W (am Lebensdauerbeginn)
Starttermin:	Januar 1978
Lebensdauer mind.:	7 Jahre

174° Ost

Intelsat V F-1

Nachrichtenteil

Strahlungsleistung (EIRP) an der Ausleuchtungsgrenze:
29 dBW bei Zonenbeam (C-Band)
29 dBW bei Hemisphärenbeam (C-Band)
23 dBW bei Globalbeam (C-Band)
44 dBW für Spotbeam West
41 dBW für Spotbeam Ost

Sendefrequenzen:	3,704...4,198 GHz
	10,954...11,698 GHz
Empfangsfrequenzen:	5,929...6,423 GHz
	14,004...14,498 GHz
Übertragungskanäle:	4 Kanäle mit 36 MHz Bandbreite (C-Band)
	16 Kanäle mit 72 MHz (C-Band)
	6 Kanäle mit 72 MHz Bandbreite (Ku-Band)
	2 Kanäle mit 241 MHz Bandbreite (Ku-Band)

Satellitendaten

Gewicht:	964 kg
Verlustleistung:	1475 W
Telemetriefrequenzen:	3,9475 GHz und 3,9525 GHz (C-Band)
	11,200 GHz und 11,450 GHz (Ku-Band)
Starttermin:	Mai 1981
Lebensdauer mind.:	7 Jahre

170,5° Ost (zeitweise)

Intelsat IV-A F-6

Nachrichtenteil

Strahlungsleistung (EIRP) an der Ausleuchtungsgrenze:
29 dBW Spotbeam
22 dBW bei Globalbeam
26 dBW bei Hemisphärenbeam

Sendefrequenzen:	3,707...4,193 GHz
Empfangsfrequenzen:	5,932...6,418 GHz
Übertragungskanäle:	20

Satellitendaten

Gewicht:	825,5 kg
Leistungsaufnahme:	595 W (am Lebensdauerbeginn)
Starttermin:	März 1978
Lebensdauer mind.:	7 Jahre

140° Ost

Gorizont 6 (UdSSR)

Nachrichtenteil

Strahlungsleistung (EIRP):	max. 31 dBW
Empfangsfrequenzen:	5,9...6,4 GHz
Sendefrequenzen:	3,7...4,2 GHz
Übertragungskanäle:	6
TV-Kanäle:	2

Satellitendaten

Gewicht:	2120 kg
Starttermin:	1982

108° Ost

Palaba B1 (Indonesien)

Nachrichtenteil

Strahlungsleistung (EIRP):	max. 34 dBW
Empfangsfrequenzen:	5,9...6,4 GHz
Sendefrequenzen:	3,7...4,2 GHz
Übertragungskanäle:	24
TV-Kanäle:	4 (Indonesien, Thailand, Malaysia)

Satellitendaten

Gewicht:	650 kg
Leistungsaufnahme:	1062 W
Starttermin:	Juni 1983
Raketentyp:	Space Shuttle
Lebensdauer mind.:	8 Jahre

99° Ost

Ekran 11 (UdSSR)

Nachrichtenteil

Strahlungsleistung (EIRP):	max. 57 dBW
Sendefrequenzen:	714 MHz
Empfangsfrequenzen:	ca. 6,2 GHz
Übertragungskanäle:	1
TV-Kanäle:	1

Satellitendaten

Leistungsaufnahme:	1800 W
Starttermin:	1983

90° Ost

Gorizont 8 (UdSSR)

Nachrichtenteil

Strahlungsleistung (EIRP):	max. 42 dBW
Sendefrequenzen:	3,65...3,95 GHz
Empfangsfrequenzen:	5,93...6,23 GHz
Übertragungskanäle:	6
TV-Kanäle:	2

Satellitendaten

Gewicht:	2120 kg
Starttermin:	1983
Lebensdauer mind.:	3 Jahre

74° Ost

Insat 1B (Indien)

Nachrichtenteil

Strahlungsleistung (EIRP):	max. 42 dBW
Sendefrequenzen:	2,55...2,63 GHz
	3,7...4,2 GHz
Empfangsfrequenzen:	5,85...5,94 GHz
	5,9...6,4 GHz
Übertragungskanäle:	14
TV-Kanäle:	2

Satellitendaten

Gewicht:	1090 kg
Starttermin:	1983
Lebensdauer mind.:	7 Jahre

66° Ost

Intelsat V F-7

Nachrichtenteil

Strahlungsleistung (EIRP) an der Ausleuchtungsgrenze:
29 dBW bei Zonenbeam (C-Band)
29 dBW bei Hemisphärenbeam (C-Band)
23 dBW bei Globalbeam (C-Band)
44 dBW für Spotbeam West
41 dBW für Spotbeam Ost

Sendefrequenzen:	3,704...4,198 GHz
	10,954...11,698 GHz
Empfangsfrequenzen:	5,929...6,423 GHz
	14,004...14,498 GHz
Übertragungskanäle:	4 Kanäle mit 36 MHz Bandbreite (C-Band)
	16 Kanäle mit 72 MHz (C-Band)
	6 Kanäle mit 72 MHz Bandbreite (Ku-Band)
	2 Kanäle mit 241 MHz Bandbreite (Ku-Band)

Satellitendaten

Gewicht:	964 kg
Verlustleistung:	1475 W
Telemetriefrequenzen:	3,9475 GHz und 3,9525 GHz (C-Band)
	11,200 GHz und 11,450 GHz (Ku-Band)
Starttermin:	Oktober 1983
Lebensdauer mind.:	7 Jahre

63° Ost

Intelsat V F-5

Nachrichtenteil

Strahlungsleistung (EIRP) an der Ausleuchtungsgrenze:
29 dBW bei Zonenbeam (C-Band)
29 dBW bei Hemisphärenbeam (C-Band)
23 dBW bei Globalbeam (C-Band)
44 dBW für Spotbeam West
41 dBW für Spotbeam Ost

Sendefrequenzen:	3,704...4,198 GHz 10,954...11,698 GHz
Empfangsfrequenzen:	5,929...6,423 GHz 14,004...14,498 GHz
Übertragungskanäle:	4 Kanäle mit 36 MHz Bandbreite (C-Band) 16 Kanäle mit 72 MHz (C-Band) 6 Kanäle mit 72 MHz Bandbreite (Ku-Band) 2 Kanäle mit 241 MHz Bandbreite (Ku-Band)

Satellitendaten

Gewicht:	964 kg
Verlustleistung:	1475 W
Telemetriefrequenzen:	3,9475 GHz und 3,9525 GHz (C-Band) 11,200 GHz und 11,450 GHz (Ku-Band)
Starttermin:	September 1982
Lebensdauer mind.:	7 Jahre

Transponder

Frequenzen (GHz) auf	ab	Polarisation	Beam	Bandbreite (MHz)	Tonsubträger (MHz)	Erläuterungen (Programme, Dienste u. ä.)
6,4025	4,1775	rdz	global	18	6,6	TV: Nachrichten, Sport
14,220	11,1700	v	Westspot	36	6,18	Test-TV in Farsi

60° Ost

Intelsat V-A F-15

Nachrichtenteil

Strahlungsleistung (EIRP) an der Ausleuchtungsgrenze:

29 dBW bei Zonenbeam (C-Band)
29 dBW bei Hemisphärenbeam (C-Band)
23 dBW bei Globalbeam (C-Band)
44 dBW für Spotbeam West
41 dBW für Spotbeam Ost

Sendefrequenzen:	3,704...4,198 GHz
	10,954...11,698 GHz
Empfangsfrequenzen:	5,929...6,423 GHz
	14,004...14,498 GHz

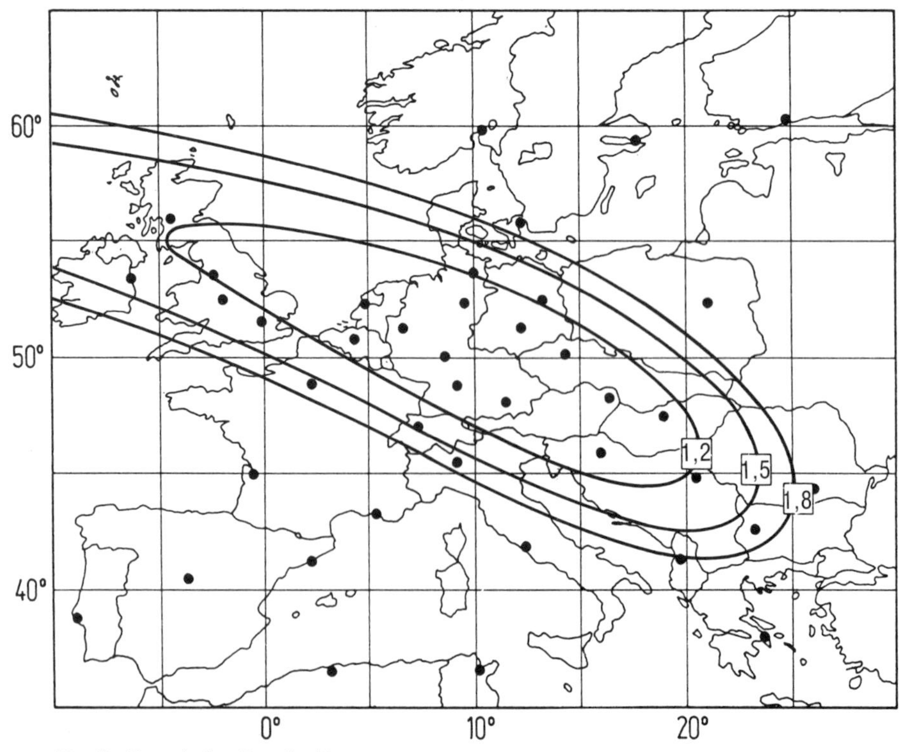

(Quelle: Bayerischer Rundfunk)

Übertragungskanäle: 4 Kanäle mit 36 MHz Bandbreite (C-Band)
16 Kanäle mit 72 MHz (C-Band)
6 Kanäle mit 72 MHz Bandbreite (Ku-Band)
2 Kanäle mit 241 MHz Bandbreite (Ku-Band)

Satellitendaten

Gewicht:	964 kg
Verlustleistung:	1475 W
Telemetriefrequenzen:	3,9475 GHz und 3,9525 GHz (C-Band) 11,200 GHz und 11,450 GHz (Ku-Band)
Starttermin:	1988
Raketentyp:	Ariane
Lebensdauer:	mind. 7 Jahre

Transponder

Sende-frequenz (GHz)	Polarisation	Beam	Tonsub-träger (MHz)	Bemerk. (Programme u. ä.)
10,974	h	Westspot	6,65	TV D: 3SAT
11,010	h	Westspot	6,65	TV D: WDR – Westd. Fernsehen
			7,02+ 7,20	Radio: Deutschlandfunk, Stereo (Wegener)
11,137	h	Westspot	6,65	TV D: Tele 5
11,174	h	Westspot	6,65	TV D: BR 3
			7,02+ 7,20	Radio: Radio Media, Stereo (Wegener)
11,460	v	Westspot	digital	Radio D: BR 4
			digital	Radio D: FFN
			digital	Radio D: Gong
			digital	Radio D: NDR 3
			digital	Radio D: Radio Hamburg
			digital	Radio D: RSH
			digital	Radio D: SFB 3
			digital	Radio D: SWF 3
11,495	v	Ostspot		TV USA: AFRTS; B-MAC
11,549	h	Westspot	6,65	TV D: ARD 1 Plus
11,600	h	Westspot	6,65	TV D: Eureka TV

Ab 1990 keine deutschen Programme mehr. Sie wechseln auf DFS 1 Kopernikus.

53° Ost

Gorizont 11 (UdSSR)

Nachrichtenteil

Strahlungsleistung (EIRP) an der Ausleuchtungsgrenze:	26 dBW bei Globalbeam
	29 dBW bei
Hemisphärenbeam	
	31 dBW bei Zonenbeam
	42 dBW bei Spotbeam
Sendefrequenzen:	3,650...3,950 GHz
Empfangsfrequenzen:	5,925...6,225 GHz
Übertragungskanäle:	5

Satellitendaten

Gewicht:	2120 kg
Starttermin:	Januar 1985
Raketentyp:	Proton 2-E

28,5° Ost

DFS 2 Kopernikus (Bundesrepublik Deutschland)

Nachrichtenteil

Strahlungsleistung (EIRP):	max. 49,2 dBW (Ku-Band)
	48,0 dBW (Ka-Band)
Sendefrequenzen:	11,450...11,700 GHz (Ku-Band)
	12,500...12,750 GHz (Ku-Band)
	19,700...20,200 GHz (Ka-Band)
Empfangsfrequenzen:	14,000...14,250 GHz (Ku-Band)
	14,250...14,500 GHz (Ku-Band)
	29,500...30,000 GHz
Telemetriefrequenzen:	11,450...11,4535 GHz und 2,20235 GHz
Übertragungskanäle:	11

Satellitendaten

Gewicht:	1400 kg
Starttermin:	Dezember 1989
Raketentyp:	Ariane 4
Lebensdauer mind.:	10 Jahre

26° Ost

Arabsat F2 (Arabische Liga)

Nachrichtenteil

Strahlungsleistung (EIRP):	31 dBW
Sendefrequenzen:	3,7...4,2 GHz
	2,54...2,655 GHz
Empfangsfrequenzen:	5,925...6,425 GHz
Übertragungskanäle:	26
TV-Kanäle:	7

Satellitendaten

Gewicht:	588 kg
Leistungsaufnahme:	1300 W
Starttermin:	Mai 1985
Raketentyp:	Ariane
Lebensdauer mind.:	7 Jahre

23,5° Ost

DFS 1 Kopernikus (Bundesrepublik Deutschland)

Nachrichtenteil

Strahlungsleistung (EIRP):	max. 49,2 dBW (Ku-Band)
	48,0 dBW (Ka-Band)
Sendefrequenzen:	11,450...11,700 GHz (Ku-Band)
	12,500...12,750 GHz (Ku-Band)
	19,700...20,200 GHz (Ka-Band)
Empfangsfrequenzen:	14,000...14,250 GHz (Ku-Band)
	14,250...14,500 GHz (Ku-Band)
	29,500...30,000 GHz
Telemetriefrequenzen:	11,450...11,4535 GHz und 2,20235 GHz
Übertragungskanäle:	11

Satellitendaten

Gewicht:	1400 kg
Starttermin:	Juni 1989
Raketentyp:	Ariane 4
Lebensdauer mind.:	10 Jahre
Elektrische Leistung:	1550 W

Deutscher Fernmeldesatellit („Kopernikus") (DFS)

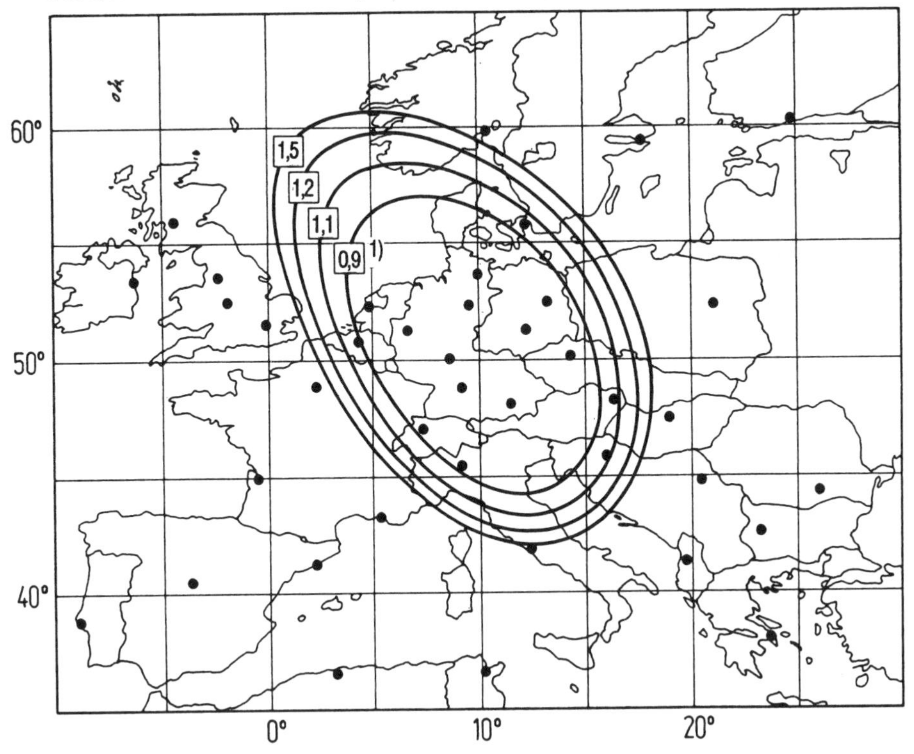

1) bei 12-GHz-Empfang 0,6 m, für Hörfunk 0,3 m

Transponder

Sendefrequenz (GHz)	Polarisation	Beam	Tonsubträger (MHz)	Bemerk. (Programme u. ä.)
11,475	h	–	6,65	TV D: SAT 1
11,525	h	–	6,65	TV D: 3 SAT
11,548	v	–	6,65	TV D: Westschiene
11,601	v	–	6,65	TV D: TV-Progr.
11,625	h	–	6,65	TV D: ARD 1Plus
11,675	h	–	6,65	TV D: RTL Plus
12,5245	v	–	6,65	TV D: TV-Progr.
12,5590	h	–	6,65	TV D: Pro7
12,5915	v	–	6,65	TV D: TV Progr.
12,6250	h	–	-	Radio D: digitaler Satellitenhörfunk, 16 Stereo-Progr.
12,6585	v	–	6,65	TV D: West 3
			7,02+	Radio: DLF, Stereo
			7,20	(Wegener)
				TV D: Tele 5
12,6920	h	–	6,65	TV D: Tele 5
12,7255	v	–	6,65	TV D: Bayern 3
			7,02+	Radio D: Radio
			7,20	Media, Stereo (Wegener)

19° Ost

ASTRA (Luxemburg)

Nachrichtenteil

Strahlungsleistung (EIRP):	50 dBW
Sendefrequenzen:	11,200...11,450 GHz
Empfangsfrequenzen:	14,250...14,450 GHz
Übertragungskanäle:	16 (+ 6 Reserve) mit 27 MHz Bandbreite
TV-Kanäle:	16 (+6)
Telemetriefrequenzen:	11,2030 GHz und 11,4465 GHz

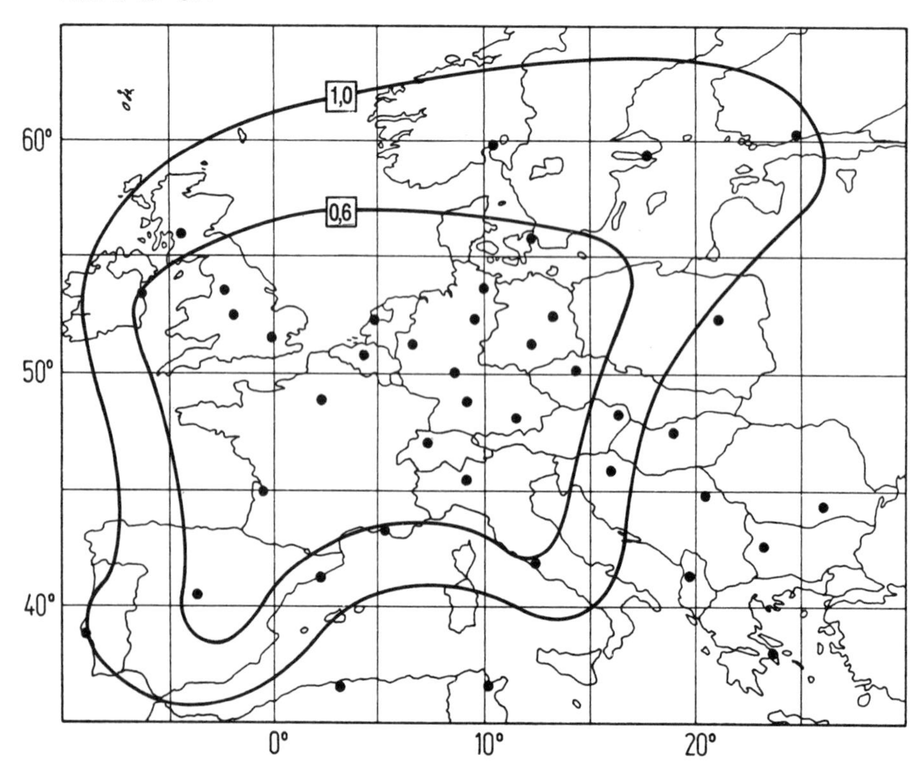

Satellitendaten

Gewicht:	1350 kg
Starttermin:	Dezember 1988
Raketentyp:	Ariane 4
Lebensdauer mind.:	10 Jahre

Transponder

Sende-frequenz (GHz)	Polarisation	Beam	Tonsub-träger (MHz)	Bemerk. (Programme u. ä.)
11,214	h	H1	6,50 7,02+ 7,20+ 7,38	TV GB: Screensport. Weitere Begleit-töne: dt., engl., franz.
11,244	h	H2	digital	TV S: Scansat (D2-MAC)
11,258	v	V1	6,50 7,02 7,20 7,38 7,56	TV GB: Eurosport. Weitere Begleittö-ne: dt., holl., franz.
11,273	h	H1	6,50	TV GB: Childrens Channel, Lifestyle
11,303	h	H2		TVS: TV4 (D2-MAC)
11,318	v	V1	6,50 7,02+ 7,20	TV GB: Sky Channel Radio GB: Sky Radio, Stereo (Wegener)
11,332	v	H1	6,50	TV NL: TV 10
11,362	h	H2	6,50	TV NL: Filmnet (codiert)
11,377	v	V1	6,50	TV GB: Sky News
11,391	h	H2	6,50	TVL: RTL Veronique
11,421	h	H2	6,50	TV: MTV Europe
11,436	v	V1	6,50 7,02+ 7,20	TV GB: Sky Movies Begleitton in Stereo (Wegener)

19° Ost

Arabsat F1 (Arabische Liga)

Nachrichtenteil

Strahlungsleistung (EIRP):	31 dBW
Sendefrequenzen:	3,7...4,2 GHz
	2,54...2,355 GHz
Empfangsfrequenzen:	5,925...6,425 GHz
Übertragungskanäle:	26
TV-Kanäle:	7

Satellitendaten

Gewicht:	588 kg
Leistungsaufnahme:	1300 W
Starttermin:	Februar 1985
Raketentyp:	Ariane
Lebensdauer mind.:	7 Jahre

16° Ost

Eutelsat I F-1 (ECS-1)

Nachrichtenteil

Strahlungsleistung (EIRP) an der Ausleuchtungsgrenze:	41 dBW bei Eurobeam
	46 dBW bei Spotbeam
Sendefrequenzen:	10,950...11,200 GHz
	11,450...11,700 GHz
Empfangsfrequenzen:	14,000...14,500 GHz
Übertragungskanäle:	12 mit 72 MHz Bandbreite, davon 10 gleichzeitig nutzbar

Satellitendaten

Gewicht:	512 kg am Lebensdauerende
Leistungsaufnahme:	910 W
Telemetriefrequenzen:	137,14 MHz und 11,451091 GHz
Starttermin:	Juni 1983
Raketentyp:	Ariane
Lebensdauer mind.:	7 Jahre

Transponder

Sende-frequenz (GHz)	Polarisation	Beam	Tonsubträger (MHz)	Bemerk. (Programme u. ä.)
11,475	v	Westspot	6,60	TV S: Nordic Channel

Eutelsat I-F4 (ECS-1), Spotbeam West

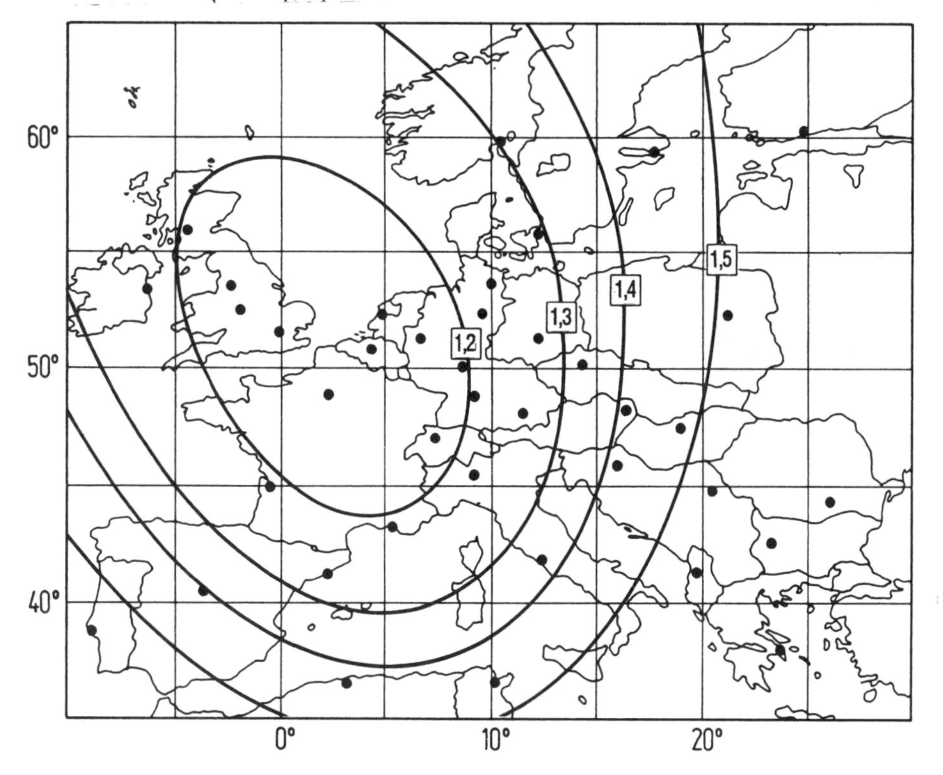

Eutelsat I-F4 (ECS-1), Spotbeam Ost

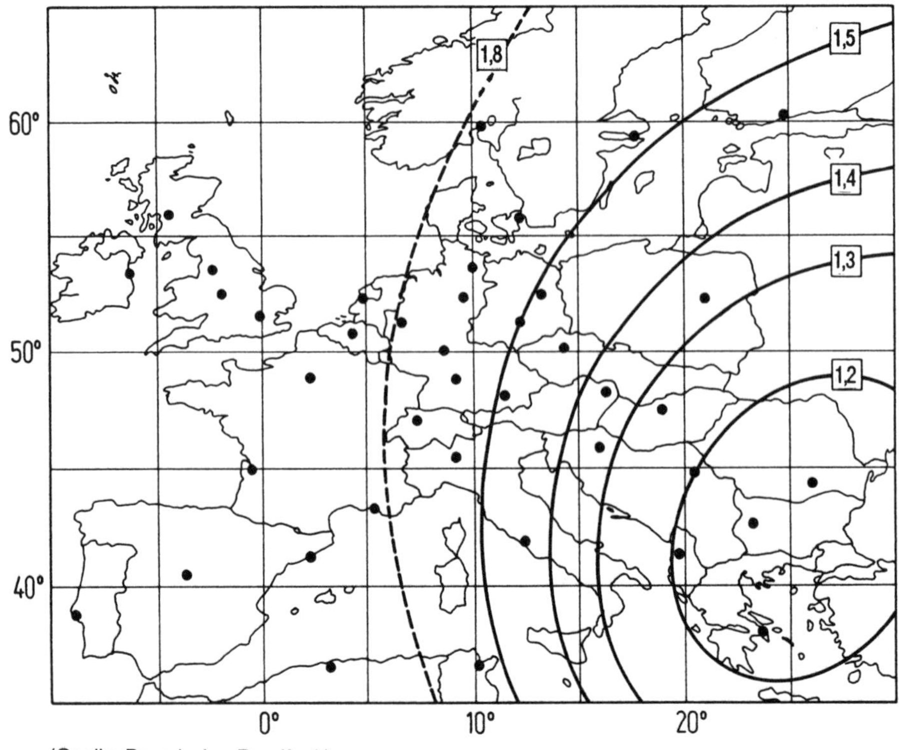

(Quelle: Bayerischer Rundfunk)

13° Ost

Eutelsat I F-4 (ECS-4)

Nachrichtenteil

Strahlungsleistung (EIRP) an der Ausleuchtungsgrenze:	41 dBW bei Eurobeam 46 dBW bei Spotbeam
Sendefrequenzen:	10,950...11,200 GHz 11,450...11,700 GHz
Empfangsfrequenzen:	14,000...14,500 GHz
Übertragungskanäle:	14 mit 72 MHz Bandbreite, davon 10 gleichzeitig nutzbar

Satellitendaten

Gewicht:	550 kg am Lebensdauerende
Leistungsaufnahme:	834 W am Lebensdauerende
Telemetriefrequenzen:	137,14 MHz und 11,451091 GHz
Starttermin:	September 1987
Raketentyp:	Ariane
Lebensdauer mind.:	7 Jahre

Transponder

Sende-frequenz (GHz)	Polarisation	Beam	Tonsub-träger (MHz)	Bemerk. (Programme u. ä.)
10,987	v	Westspot	6,50	TV CH: Teleclub, Pay-TV (codiert)
11,007	h	Westspot	6,60	TV D: RTL Plus
			7,02+	Radio L: RTL Hörf.,
			7,20	Stereo (Wegener)
11,091	v	Ostspot	6,65	TV D: 3 SAT
11,140	v	Westspot	6,60	TV B: FilmNet; Pay TV, gescrambelt:
			7,92+	SATPAK
			8,10	Radio: Radio 10 Stereo (Wegener)
11,175	h	Westspot	7,56+	Radio NL: Cable 1
			7,74	Stereo (Wegener)
11,472	h	Westspot	6,65	TV F: TV-5
11,486	h	Westspot	6,60	TV USA: World Net Pace
11,507	v	Westspot	6,60	TV D: SAT 1
			7,02+	Radio USA: Voice of America,
			7,20	Stereo (Wegener)
			7,38+	Radio D: Starsat
			7,56	Radio, Stereo (Wegener)
11,581	v	Atlanticspot	6,60	TV Mexiko, USA: Galavision
11,650	h	Westspot	6,65	TV GB: Sky Channel, Begleitton in
			7,02+	Stereo (Wegener)
			7,20	
			7,38+	Radio GB: Sky Radio,
			7,56	Stereo (Wegener)
11,674	v	Westspot	6,60	TV GB: Super Channel
			7,38	Radio GB: BBC World Service engl. (Wegener)
			7,56	Radio GB: BBC World Service intern. (Wegener)

RTL Plus und SAT 1 voraussichtlich ab 1990 nur noch über DFS 1 Kopernikus und TV-SAT 2.

10° Ost

Eutelsat I F-5 (ECS-5)

Nachrichtenteil

Strahlungsleistung (EIRP) an der Ausleuchtungsgrenze:	41 dBW bei Eurobeam 46 dBW bei Spotbeam
Sendefrequenzen:	10,950...11,200 GHz 11,450...11,700 GHz
Empfangsfrequenzen:	14,000...14,500 GHz
Übertragungskanäle:	14 mit 72 MHz Bandbreite, davon 13 gleichzeitig nutzbar

Satellitendaten

Gewicht:	550 kg am Lebensdauerende
Leistungsaufnahme:	834 W am Lebensdauerende
Telemetriefrequenzen:	137,14 MHz und 11,451091 GHz
Starttermin:	Juli 1988
Raketentyp:	Ariane
Lebensdauer mind.:	7 Jahre

Transponder

Sende-frequenz (GHz)	Polarisation	Beam	Tonsub-träger (MHz)	Bemerk. (Programme u. ä.)
10,988	v	Westspot	6,65	TV D: 3 SAT
11,007	h	Westspot	6,60 7,02+ 7,20	TV I: RAI UNO Radio I: Radio Uno, Stereo (Wegener)
11,149	h	Westspot	6,60	TV E: TV E, 1 Pr.
11,178	v	Westspot	6,60	TV E: TV E; 2. Pr.
11,650	h	Westspot	6,60	TV I: RAI Due

7° Ost

Eutelsat I F-2 (ECS-2)

Nachrichtenteil

Strahlungsleistung (EIRP) an der Ausleuchtungsgrenze:	41 dBW bei Eurobeam 46 dBW bei Spotbeam
Sendefrequenzen:	10,950...11,200 GHz 11,450...11,700 GHz
Empfangsfrequenzen:	14,000...14,500 GHz
Übertragungskanäle:	14 mit 72 MHz Bandbreite, davon 10 gleichzeitig nutzbar

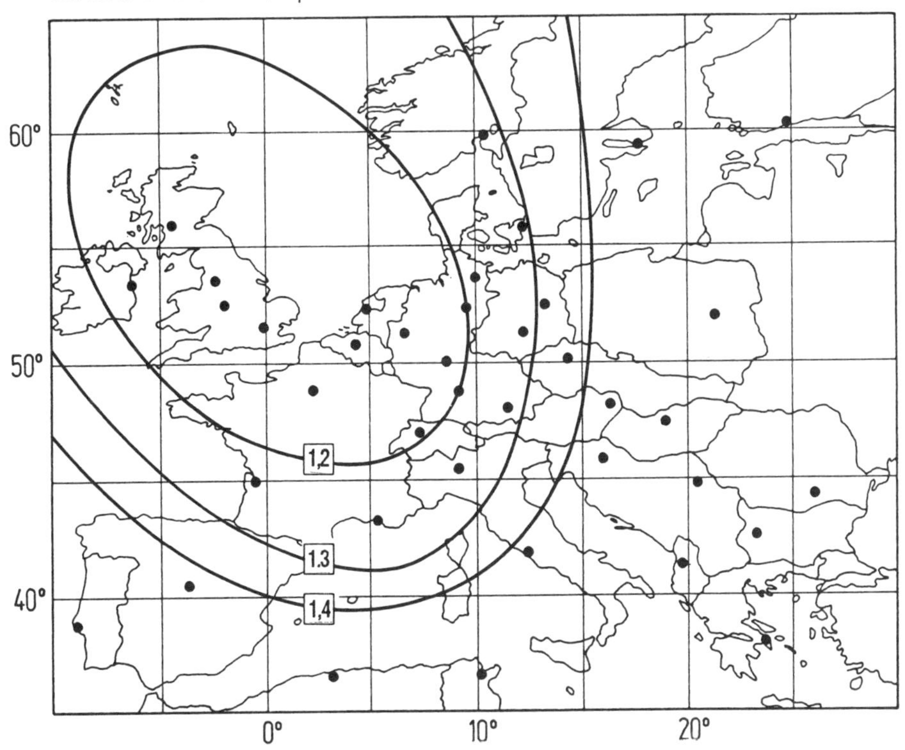

Satellitendaten

Gewicht:	550 kg am Lebensdauerende
Leistungsaufnahme:	834 W am Lebensdauerende
Telemetriefrequenzen:	137,14 MHz und 11,451091 GHz
Starttermin:	August 1984
Raketentyp:	Ariane
Lebensdauer mind.:	7 Jahre

Transponder

Sende-frequenz (GHz)	Polarisation	Beam	Tonsubträger (MHz)	Bemerk. (Programme u. ä.)
10,972	h	Westspot	wechselnd	TV: Eurovision
11,142	v	Westspot	wechselnd	TV: Eurovision
11,575	h	Ostspot	6,60	TV USA: Worldnet (SECAM)
11,671	h	Westspot	6,65	TV GB: ITN

5° Ost

Tele X

Nachrichtenteil

Strahlungsleistung (EIRP):	60,6 dBW
Sendefrequenzen:	11,7...12,5 GHz
	12,5...12,75 GHz
Empfangsfrequenzen:	17,3...18,1 GHz
	14,0...14,25 GHz
Übertragungskanäle:	5
TV-Kanäle:	3 mit 27 MHz Bandbreite

Satellitendaten

Gewicht:	1300 kg
Leistungsaufnahme:	3000 W
Starttermin:	März 1989
Raketentyp:	Ariane
Lebensdauer mind.:	7 Jahre

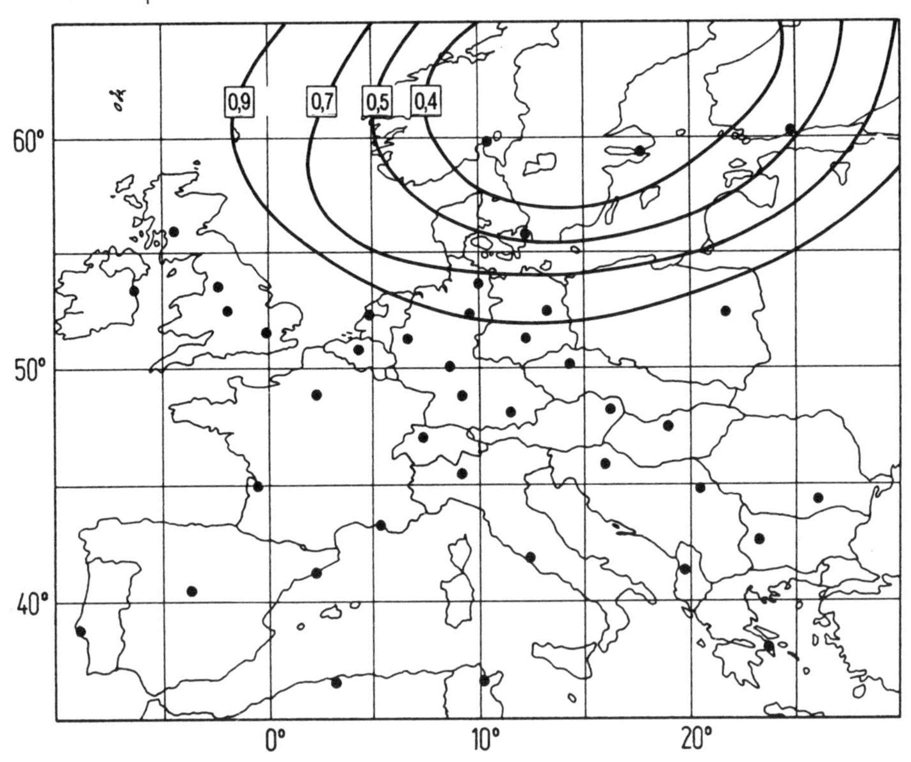

Transponder

Sende-frequenz (GHz)	Polarisation	Beam	Tonsubträger (MHz)	Bemerk. (Programme u. ä.)
12,207	Idz	–	digital	TV SF
12,322	Idz	–	digital	TV N: NRK (C-MAC)
12,476	Idz	–	digital	TV S

7 Wichtige Tabellen

7.1 Allgemeine Fernsehnormen

Norm	Zeilen	Kanalbreite in MHz	Video Bandbreite in MHz	Bild-Tonabstand in MHz	Farbhilfsträger in MHz	Bild-Modulation	Ton-Modulation
A	405	5	3	-3,5	-	pos	AM
B	625	7	5	+5,5	4,43	neg	FM
C	625	7	5	+5,5	4,43	pos	AM
D	625	8	6	+6,5	-	neg	FM
E	819	14	10	+11,15	-	pos	AM
F	819	7	5	+5,5	-	pos	AM
G	625	8	5	+5,5	4,43	neg	FM
H	625	8	5	+5,5	4,43	neg	FM
I	625	8	5,5	+6	4,43	neg	FM
K	625	8	6	+6,5	4,43	neg	FM
L	625	8	6	+6,5	4,43	pos	AM
M	525	6	4,2	+4,5	3,576	neg	FM
N	625	6	4,2	+4,5	3,582	neg	FM

Rasterfrequenz 50 Hz, nur Norm M 60 Hz

Bereich IV/V: Normen für Europa und Afrika (nur 625 Zeilen, Kanalabstand 8 MHz)

Norm	Video-Bandbreite in MHz	Bild-Tonabstand in MHz	Bildmodulation	Tonmodulation	Farbhilfsträger MHz	Leistungsverhältnis Bild/Ton
G	5	5,5	neg	FM	4,43	5:1
H	5	5,5	neg	FM	4,43	5:1
I	5,5	6	neg	FM	4,43	5:1
K	6	6,5	neg	FM	4,43	5:1
L	6	6,5	pos	AM	4,43	5:1

7.2 Fernsehnormen der Welt

Land	S/W	Farbe	Netz-spannung V	Netzfre-quenz Hz
Ägypten	B	Secam (Z)	110...220	50
Äthiopien	B		220	50
Afghanistan	B	PAL	220	50
Albanien	B/G	PAL		
Algerien	B	PAL	127...220	50
Angola	I	PAL	220	50
Antigua	M	NTSC	230	50
Argentinien	N[1])	PAL	220	50
Australien	B[1])	PAL	240...250	50
Azoren	B	PAL	220	50
Bahamas	M	NTSC	120	60
Bahrein	B	PAL	110...230	50...60
Bangladesch	B	PAL	230	50
Barbados	N	NTSC	110...220	50
Belgien	B/H	PAL	220	50
Benin	K			
Bermuda	M	NTSC	115...120	60
Bolivien	M/N	NTSC	110...230	50...60
Botswana	I[1])	PAL	220	50
Brasilien	M	PAL	110...230	50...60
Brunei	B	PAL		
Bulgarien	D	Secam (B/Z)	220	50
Burma		NTSC (Test)	220	50
Burundi	K	Secam	220	50
Chile	M	NTSC	220	50
China (VR)	D	PAL	220	50
Costa Rica	M	NTSC	120	60
Curacao	N			
Dänemark	B/G	PAL	220	50
DDR	B/G	Secam (B/Z)	220	50
Deutschland BR	B/G	PAL	220	50
Diego Garcia	M	NTSC		
Djibouti	K	Secam	220	50
Dominikanische Rep.	M	NTSC	110	60
Ecuador	M	NTSC	110...127	60
Elfenbeinküste	K	Secam (B)	220	50
El Salvador	M	NTSC	115	60
Fidschi Inseln	B	PAL	240	50
Finnland	B/G	PAL	220	50
Frankreich	E/L	Secam(Z)	220	50
Gabun	K	Secam	220	50
Ghana	B	PAL	220	50
Gibraltar	B	PAL	240	50
Griechenland	B/G	Secam (Z)	220	50
Grönland	M	NTSC	220	50

Land	S/W	Farbe	Netz-spannung V	Netzfre-quenz Hz
Großbritannien	A/I	PAL	220	50
Guadeloupe	K	Secam	220	50
Guam	M	NTSC		
Guatemala	M	NTSC	110...220	60
Guinea	K		220	50
Guayana (franz.)	K	Secam	220	50
Haiti	M	NTSC	110...220	50...60
Honduras	M	NTSC	110...220	60
Hongkong	B/I	PAL	220	50
Indien	B	PAL	220...250	50
Indonesien	B	PAL	127...220	50
Irak	B	Secam (Z)	220	50
Iran	B	Secam (Z)	220	50
Irland (Rep.)	A/I	PAL	220	50
Island	B	PAL	220	50
Israel	B/H	PAL	230	50
Italien	B/G	PAL	127...220	50
Jamaika	M		110	50
Japan	M[1])	NTSC	100	50...60
Jordanien	B	PAL	220	50
Jungferninseln	M	NTSC	120	60
Jugoslawien	B/G	PAL	220	50
Kambodscha	M		120...220	50
Kamerun	B/G	PAL		
Kanada	M	NTSC	120	60
Kanarische Inseln	B	PAL	127...220	50
Kenia	B	PAL	240	50
Kolumbien	M	NTSC	110...150	60
Kongo (Rep.)	K		220	50
Korea (VR)	PAL			
Korea (Rep.)	M	NTSC	110	60
Kuba	M	NTSC		
Kuwait	B	PAL	240	50
Libanon	B	Secam (Z)	110...220	50
Liberia	B	PAL	110...220	60
Libyen	B	Secam (Z)	127...230	50
Luxemburg	C/L/G	PAL/Secam (Z)	120...220	50
Madagaskar	K	Secam	127...220	50
Madeira	B	PAL	220	50
Malaysia	B	PAL	240	50
Malediven	B	PAL		
Malta	B	PAL	240	50
Marokko	B[1])	Secam (B)	115...230	50
Martinique	K	Secam (B)	220	50
Mauritius	B	Secam	230	50
Mexiko	M	NTSC	110...127	60
Monaco	E/L/G	PAL/Secam (B/Z)	127...220	50

Land	S/W	Farbe	Netz-spannung V	Netzfre-quenz Hz
Mongolei	D	Secam (B/Z)		
Mozambique		(PAL)	220	50
Neukaledonien	K	Secam	220	50
Neuseeland	B[1])	PAL	230	50
Nicaragua	M	NTSC	120	60
Niederlande	B/G	PAL	220	50
Niederl. Antillen	M	NTSC	115...230	50...60
Niger	K	Secam	220	50
Nigeria	B/G	PAL	230	50
Norwegen	B/G	PAL	230	50
Obervolta	K		220	50
Oman	B/G	PAL	220	50
Österreich	B/G	PAL	220	50
Pakistan	B	PAL	220...230	50
Panama	M	NTSC	110...127	60
Paraguay	N	PAL	220	50
Peru	M	NTSC	110...220	60
Philippinen	M	NTSC	110...220	60
Polen	D	Secam (B/Z)	220	50
Portugal	B/G	PAL	110...220	50
Puerto Rico	M	NTSC	120	60
Quatar	B	PAL	240	50
Reunion	K	Secam		
Rumänien	D	Secam	220	50
Sabah und Sarawak	B	PAL		
Sambia	B	PAL	220	50
Samoa	M	NTSC	230	50
Sansibar	I	PAL	230	50
Saudi Arabien	B/G	PAL/Secam (Z)	127...230	50...60
Schweden	B/G	PAL	127...230	50
Schweiz	B/G	PAL	220	50
Senegal	K	Secam	110	50
Sierra Leone	B	PAL	220	50
Singapur	B	PAL	230	50
Somalia	K		..230	50
Spanien	B/G	PAL	127...220	50
Sri Lanka	B	PAL	230	50
St. Piere u. Miquel.	K	Secam		
Südafr. Republik	I[1])	PAL	220...250	50
Sudan	B	PAL	240	50
Surinam	M	NTSC	110...127	60
Swasiland	B/G	PAL	230	50
Syrien	B	Secam	115...220	50
Tahiti	K	Secam	127	60
Taiwan	M	NTSC	110	60
Tansania	B	PAL	230	50
Thailand	B	PAL	220	50

Land	S/W	Farbe	Netz-spannung V	Netzfre-quenz Hz
Togo	K	Secam	127...220	50
Trinidad und Tobago	M	NTSC	115...230	60
Tschad			220	50
Tschechoslowakei	D/K	Secam (B/Z)	220	50
Türkei	B	PAL	220	50
Tunesien	B	Secam	127...220	50
UdSSR	D/K	Secam (B/Z)	127 50	
Uganda	B	PAL	240	50
Ungarn	D/K	Secam (B/Z)	220	50
Uruguay	N	PAL	220	50
USA	M	NTSC	110	60
Venezuela	M	NTSC	120	60
Verein. Arab. Emirate	B/G	PAL		
Vietnam	M		127...220	50
Yemen (Rep.)	B	PAL	220	50
Yemen (VR)	B	NTSC	230	50
Zaire	K	Secam	220	50
Zentr.-Afr. Republik	K	Secam	220	50
Zimbabwe	B/G	PAL	220...230	50
Zypern	B/G	PAL/Secam (Z)	240	50

[1]) Kanäle abweichend, (B) = Bildidentifikation, (Z) = Zeilenidentifikation

7.3 Sonderkanäle in Kabelempfangsanlagen

Kanalanzeige	Sonderkanal	Frequenz in MHz
Unteres Kabelkanalband		
81	S 1	105,25
82	S 2	112,25
83	S 3	119,25
84	S 4	126,25
85	S 5	133,25
86	S 6	140,25
87	S 7	147,25
88	S 8	154,25
89	S 9	161,25
90	S 10	168,25
Oberes Kabalkanalband		
91	S 11	231,25
92	S 12	238,25
93	S 13	245,25
94	S 14	252,25
95	S 15	259,25

Kanalanzeige	Sonderkanal	Frequenz in MHz
96	S 16	266,25
97	S 17	273,25
98	S 18	280,25
99	S 19	287,25
00	S 20	294,25
Sonderkanalband Belgien		
74	S 21	69,25
75	S 22	76,25
76	S 23	83,25
77	S 24	90,25
78	S 25	97,25
79	S 26	59,25
80	S 27	93,25
Australien		
01	K0	46,25

7.4 Weltzeitkarte

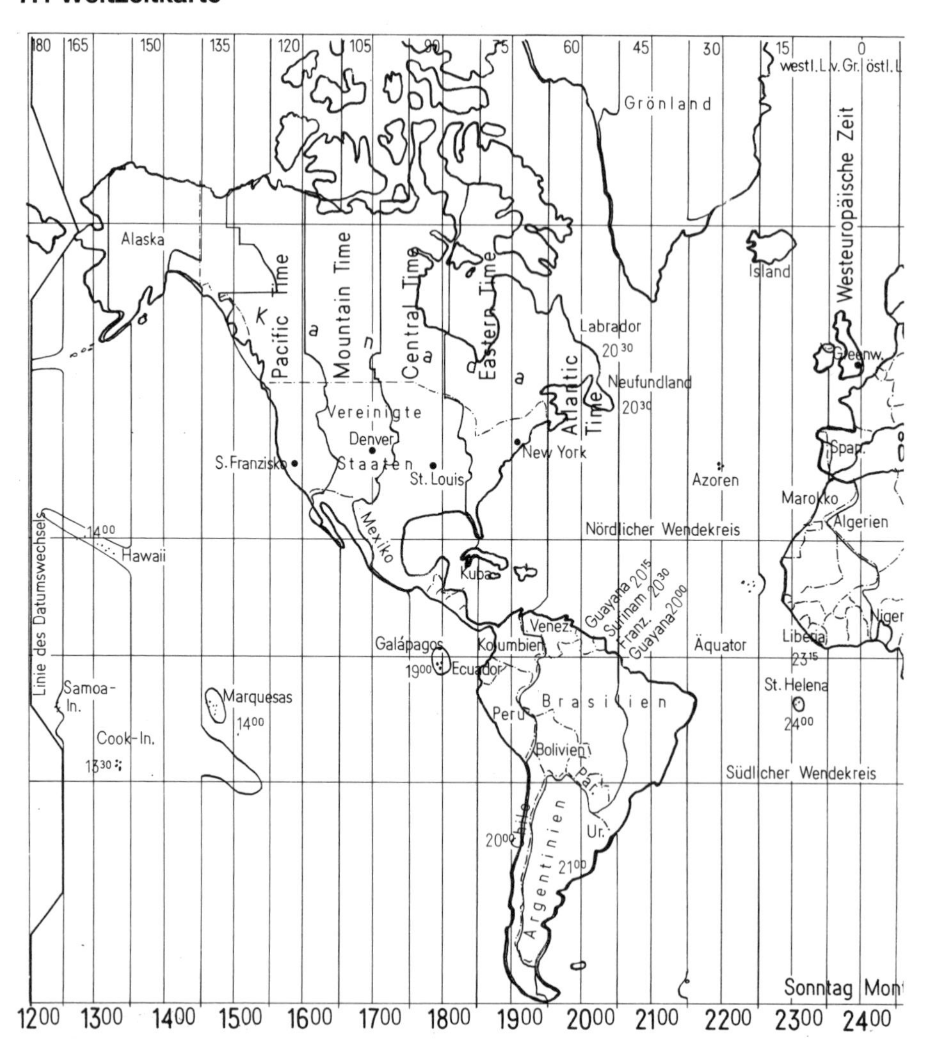

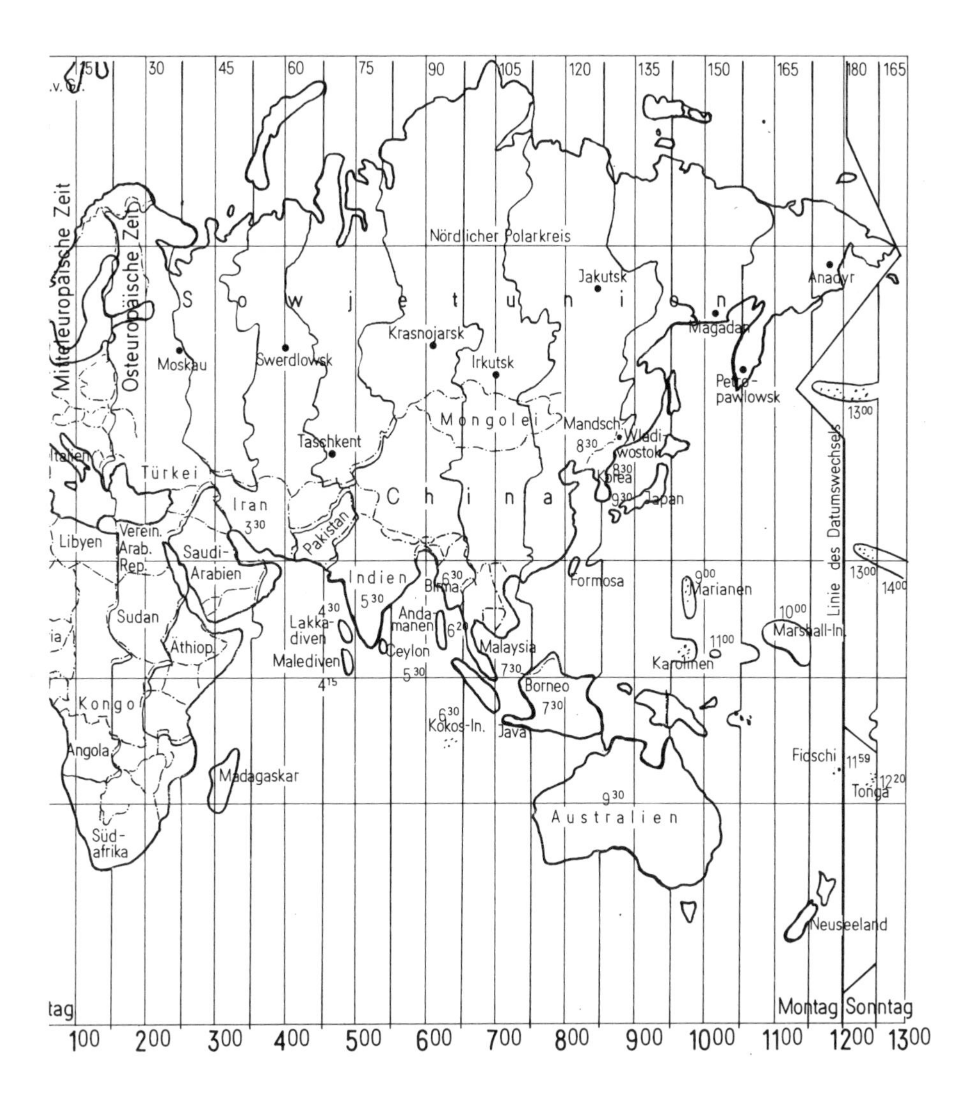
15
30
45
60
75
90
105
120
135
150
165
180
165
Mitteleuropäische Zeit
Osteuropäische Zeit
Nördlicher Polarkreis
S o w j e t u n i o n
Moskau
Swerdlowsk
Krasnojarsk
Irkutsk
Jakutsk
Magadan
Anadyr
Petropawlowsk
Mongolei
Mandsch.
Wladiwostok
Taschkent
Türkei
Iran
China
Korea
Japan
Libyen
Verein. Arab. Rep.
Saudi-Arabien
Pakistan
Indien
Birma
Formosa
Marianen
Sudan
Äthiop.
Lakkadiven
Andamanen
Ceylon
Malediven
Malaysia
Borneo
Karolinen
Marshall-In.
Kongo
Angola
Kokos-In.
Java
Madagaskar
Fidschi
Tonga
Australien
Süd-afrika
Neuseeland
Linie des Datumswechsels
Montag
Sonntag
100
200
300
400
500
600
700
800
900
1000
1100
1200
1300

7.5 Wichtige Anschriften

7.5.1 Öffentlich-rechtliche Rundfunkanstalten

Arbeitsgemeinschaft der öffentlich-rechtlichen Rundfunkanstalten
der Bundesrepublik Deutschland (ARD),
Geschäftsstelle,
Bertramstraße 8,
6000 Frankfurt,
Tel. 0 69/59 06 07.

Bayerischer Rundfunk,
Rundfunkplatz 1,
8000 München 2,
Tel. 0 89/59 00-0.

Radio Bremen,
Heinrich-Hertz-Straße 13,
2800 Bremen 33,
Tel. 04 21/2 46-0.

Deutsche Welle,
Raderberggürtel 50,
5000 Köln 1,
Tel. 02 21/3 89-0.

Deutschlandfunk,
Raderberggürtel 40,
5000 Köln 1,
Tel. 02 21/3 45-1.

Hessischer Rundfunk,
Bertramstraße 8,
6000 Frankfurt,
Tel. 0 69/1 55-1.

Norddeutscher Rundfunk,
Rothenbaumchaussee 132-134,
2000 Hamburg 13,
Tel. 0 40/4 13-1

RIAS Berlin,
Kufsteinerstraße 69,
1000 Berlin 62,
Tel. 0 30/85 03-1.

Saarländischer Rundfunk,
Funkhaus Halberg,
6600 Saarbrücken,
Tel. 06 81/6 02-0.

Sender Freies Berlin,
Masurenallee 8-14,
1000 Berlin 19,
Tel. 0 30/3 08-1.

Süddeutscher Rundfunk,
Neckarstraße 230,
7000 Stuttgart 1,
Tel. 07 11/2 88-1.

Südwestfunk,
Hans-Bredow-Straße,
7570 Baden-Baden,
Tel. 0 72 21/2 76-1.

Westdeutscher Rundfunk,
Apellhofplatz 1,
5000 Köln 1,
Tel. 02 21/2 20-1.

Zweites Deutsches Fernsehen,
Essenheimer Landstraße,
6500 Mainz,
Tel. 0 61 31/70-1.

7.5.2 Private Fernsehanstalten

EPF –
Erste Private Fernsehgesellschaft mbH,
Amtsstraße 5–11,
6700 Ludwigshafen,
Tel. 06 21/59 02-4 00

Mediengesellschaft
der Bayerischen Tageszeitungen
für Kabelkommunikation
mbH & Co. – Radio 2000 KG –,
Bahnhofstraße 33,
8043 Unterföhring
Tel. 0 89/9 50 61 11

Pro7 GmbH
Leopoldstraße 45,
8000 München 40,
Tel. 0 89/3 60 30

RNF – Rhein-Neckar Fernsehen,
Postfach 19 20,
6800 Mannheim 1,
Tel. 06 21/38 03-0

RTL plus
Aachener Str. 1036
5000 Köln 40
Tel. 02 21/48 95-0

SAT 1 – Satelliten Fernsehen GmbH,
Hegelstraße 61,
6500 Mainz 1,
Tel. 0 61 31/38 64 17

Sky Channel,
Satellite Television GmbH,
Kaiserstraße 11,
6000 Frankfurt/Main 1,
Tel. 0 69/28 09 34-37

Tele 5
KMP Kabel Media
Programmgesellschaft mbH,
Schellingstraße 44,
Tel. 0 89/2 72 49 70

tv weiß blau
Fernsehprogramm-Anbieter GmbH,
Am Moosfeld 37,
8000 München 82,
Tel. 0 89/42 04 04-0

Unser Kleines Theater,
Deutsche Funkwerbung
Norbert Handwerk GmbH,
Adalperostraße 20,
8045 Ismaning,
Tel. 0 89/96 09 01-0

7.5.3 Ausländische Fernsehanstalten

Österreichischer Rundfunk,
Würzburggasse 30,
A-1136 Wien
Tel. 0 04 32 22/8 29 10

Teleclub,
Hafnerstraße 10,
CH-8021 Zürich,
Tel. 0 04 11/2 77 92 20.

SRG,
Giacomettistraße 2,
CH-3000 Bern 15,
Tel. 00 41 31/43 92 22
England
Tel. 0 04 44 38/31 34 56

Sky Channel
Schumannstraße 1–3
6000 Frankfurt/Main 1
Tel. 0 69/74 26 66

Super Channel,
The Music Channel Ltd.,
91/21 Rathbone Place,
GB London WIP IDF,
Tel. 00441/6315050

7.5.4 Internationale Satelliten-Betreiber, -Nutzer und -Hersteller

Aerospatiale Space
and Ballistic Systems B.P. 96,
78133 Les Mureaux,
Paris Cedex 16 France
Tel. 00 33/34 75 01 23

Arab Satellite
Communications Organization (Arabsat)
P.O. Box 1038, Riyadh 11431,
Saudi Arabia
Tel. 00 96 61/4 64 66 66

Arianespace
1 Rue Soljenitsyne,
Evry 91000,
France
Tel. 00 33/60 77 92 72

AT & T Long Line Communications
Satellite Systems
Route 202–206, Room 2A101,
Bedminster, NJ 07921 USA,
Tel. 00 12 01/2 34-40 00.

Aussat
MLC Centre,
19 Martin Place,
GPO Box 1512,
Sidney 2000
Australia
Tel. 0 06 12/2 38 78 80

British Aerospace,
Space and Communications Division
Argyle Way, Stevenage,
Herts SG1 2AS
England
Tel. 0 04 44 38/31 34 56

British Telecom International (BTI)
Holborn Centre, 120 Holborn
London EC1N 2TE
England
Tel. 0 04 41/9 36 20 00

Cable News Network (CNN)
1050 Techwood Drive NW,
Atlanta, GA 30313
USA
Tel. 00 14 04/8 27-15 00

Comsat General Corp. 950
L'Enfant Plaza SW, 3rd Floor,
Washington, DC 20024
USA
Tel. 00 12 02/8 63-60 10

Comsat Communications
Services Division
Adresse wie vorstehend

Deutsche Bundespost
Fermeldetechnisches Zentralamt
Am Kavalleriesand 3
6100 Darmstadt
Tel. 0 61 51/83 40 00

European Broadcasting Union
Avenue Albert Lancaster 32
B-1180 Brüssel
Belgien
Tel. 0 03 22/3 75 59 90

Eutelsat
Tour Maine-Montparnasse,
33 Avenue du Maine
Paris, Cedex 15
F-75755 France
Tel. 0 03 31/15 38 47 47

Federal Express Corporation
889 Ridge Lake Blvd
Memphis, TN 38119 USA
Tel. 00 19 01/7 66-77 00

Ford Aerospace Satellite
Services Corporation
1140 Connecticut Ave. NW, Suite 201,
Washington, DC 20036
USA
Tel. 00 12 02/7 85-4 00

GTE Spacenet Corporation
1700 Old Meadow Road
McLean, VA 22102, USA
Tel. 00 17 03/8 48-11 08

Hughes Aircraft Company,
Electron Dynamics Division
3100 W. Lomita Blvd., P.O. Box 2999
Torrance, CA 90590
USA
Tel. 00 12 13/5 17-60 00

Hughes Communications Galaxy, Inc.
1990 Grand Ave.,
ElSegundo, CA 90245,
USA
Tel. 00 12 13/6 15-10 00

International Telecommunications
Satellite Organization (Intelsat)
3400 International Drive NW,
Washington, DC 20008-3098
USA
Tel. 00 12 02/9 44-68 00

International Telecommunications
Union (ITU)
Place des Nations
CH-1211 Genf 20
Schweiz
Tel. 00 41 22/99 51 11

Intersputnik 2nd Smolensky Lane 1/4,
Moskau 121099
UdSSR
Tel. 0 07 70 95/2 44 03 33

Marconi Space & Defense Systems Ltd.
Browns Lane, The Airport,
Portsmouth, Hampshire h03 5PH
England
Tel. 0 04 47 05/67 43 12

National Aeronautics & Space
Administration (NASA)
400 Maryland Ave. SW,
Washington, DC 20546
USA
Tel. 00 12 02/4 53-84 00

NEC Corporation
33-1, Shiba 5-chome, Manato-ku
Tokio 108
Japan
Tel. 0 08 13/4 54-1 11

Nordic Telecommunication Satellite
Organization (Notelsat)
Marievik 1 A
S-11743 Stockholm
Schweden
Tel. 0 04 68/7 63 02 40

RCA Astro-Electronics
P.O. Box 800
Princeton, NJ 08540
USA
Tel. 00 16 09/4 26-34 00

Spar Aerospace Limited
6303 Airport Road, Suite 403,
Mississauga, Ontario L4V 1R8
Kanada
Tel. 00 14 16/6 78-97 50

Staatskomitee für Fernsehen
und Rundfunk der UdSSR
Pjatnizkaja Str. 25
113326 Moskau

Telesat Canada
333 River Road
Ottawa K1L 9B9
Kanada
Tel. 00 16 13/7 46-59 20

Telespazio
Via Alberto Bergamini 50
Rom 00159
Italien
Tel. 0 03 96/4 98 73 80

Telstar Corporation
8500 Wilshire Blvd.
Beverly Hills,
CA 90211 USA
Tel. 00 12 13/6 59-43 54

Western Union Telegraph Company
1 Lake St.,
Upper Saddle River, NJ 07458 USA
Tel. 01 02 01/8 25-50 00

7.5.5 Verbände

Bundesverband Kabel und Satellit e.V.,
Adenauerallee 11,
5300 Bonn 1,
Tel. 02 28/21 00 69.

Sachverzeichnis